U0131796

Nikon
Nikon
D5000
AF-S DX NIKKOR
18-55mm 1:3.5-5.6G VR

To All Nikon Fans!!

Nikon D5000 数码单反超级手册

伍振荣　胡民炜　黎韶琪◎编著

人民邮电出版社
北　京

入门级定位

Nikon D5000可以说是Nikon全新的数码单反相机系列，已经用到4位数字作为型号，在目前的Nikon单反相机编制中是第一部。4位数字型号自然让人感到它是一部入门级的相机，但D5000的价格虽是入门级，性能却可以媲美中级相机，是一部相当值得拥有的数码单反相机。D5000主要针对初学者，适合家庭或年轻人等使用，是一部All-in-one全方位的单反相机。

今时今日的DSLR，已发展得非常先进，性能亦是大跃进，而D5000最独特的地方是它拥有一个可以随意转动又可以Live View（实时取景）的LCD显示屏，在Nikon的数码单反相机系列中亦是首度采用这种设计。D5000的Live View除了可以取景构图，更可以进行不同方式的自动对焦，包括能识别人的脸部的优先功能，以及中级的D90也没有的“主体追踪”功能。有了这种Live View的性能，D5000吸引了更多DC（Digital Compact）的用户，让他们享受到了DSLR的拍摄效率和极高的影像品质。

与高一级别的D90相比，D5000拥有可反转扭动的LCD屏，在价钱上也更便宜，虽然整体性能未及D90，但也不可以小看它。比如D5000每秒4张的连拍速度，与D90的每秒4.5张相差无几，这样的速度在菲林年代已属于专业级的表现，因此D5000绝对能给予用户极强拍摄性能的体验。此外，D5000还新增了安静快门释放模式，特别适合在需要保持安静的环境下进行拍摄；还有间隔定时拍摄功能，使得此机的创作可能性大大提升。

可见D5000虽然价格定位在入门级，但性能已达到中高级水平，它拥有从最顶级D3X到中级的D90都没有的可转动LCD显示屏，做到连专业级相机都做不到的拍摄性能，毫无疑问，D5000对用户具有极大的吸引力！

Nikon D5000 数码单反超级手册

伍振荣　胡民炜　黎韶琪◎编著

人民邮电出版社
北　京

图书在版编目（C I P）数据

Nikon D5000数码单反超级手册 / 伍振荣，胡民炜，黎韶琪编著. -- 北京 : 人民邮电出版社，2010.7
ISBN 978-7-115-23064-5

Ⅰ. ①N… Ⅱ. ①伍… ②胡… ③黎… Ⅲ. ①数字照相机：单镜头反光照相机－摄影技术－手册 Ⅳ. ①TB86-62②J41-62

中国版本图书馆CIP数据核字(2010)第086886号

鸣谢

本书获香港尼康有限公司提供测试所需要的相机及镜头、相关的支持及提供相机透视图、镜头产品图片及镜头光学图片，特此鸣谢。

内 容 提 要

本书是一本实用的尼康D5000数码单反相机使用手册。主要内容包括：尼康D5000相机介绍、性能剖析，与D3000、D60、D90的对比，以及较详细的菜单说明、相关镜头推荐、各种实用配件、相机的规格参数和Nikkor镜头的规格表，另外还有Nikon ViewNX、Camera Control Pro 2、Nikon Capture NX 2 RAW软件的介绍。

本书适合准备购买以及已经拥有尼康D5000的用户阅读。

Nikon D5000 数码单反超级手册

◆ 编　　著　伍振荣　胡民炜　黎韶琪
　责任编辑　黄汉兵

◆ 人民邮电出版社出版发行　　北京市崇文区夕照寺街 14 号
　邮编　100061　　电子函件　315@ptpress.com.cn
　网址　http://www.ptpress.com.cn
　北京捷迅佳彩印刷有限公司印刷

◆ 开本：889×1194　1/16
　印张：7
　字数：305 千字　　　2010 年 7 月第 1 版
　印数：1 – 4 000 册　　2010 年 7 月北京第 1 次印刷

著作权合同登记号　图字：01-2009-7786 号

ISBN 978-7-115-23064-5

定价：49.00 元

读者服务热线：(010)67132692　印装质量热线：(010)67129223
反盗版热线：(010)67171154

CONTENTS

PART I FIRST IMPRESSION 一触即拍

PART II INSIDE D5000 认识相机

PART III EXPERIENCING D5000 拍摄体验

PART IV FINE-TUNING D5000 菜单分析

PART V EXPANDING D5000 扩充性能

PART VI IMAGE PROCESSING影像处理

PART VII APPENDIX 附录

入门级定位

Nikon D5000可以说是Nikon全新的数码单反相机系列，已经用到4位数字作为型号，在目前的Nikon单反相机编制中是第一部。4位数字型号自然让人感到它是一部入门级的相机，但D5000的价格虽是入门级，性能却可以媲美中级相机，是一部相当值得拥有的数码单反相机。D5000主要针对初学者，适合家庭或年轻人等使用，是一部All-in-one全方位的单反相机。

今时今日的DSLR，已发展得非常先进，性能亦是大跃进，而D5000最独特的地方是它拥有一个可以随意转动又可以Live View（实时取景）的LCD显示屏，在Nikon的数码单反相机系列中亦是首度采用这种设计。D5000的Live View除了可以取景构图，更可以进行不同方式的自动对焦，包括能识别人的脸部的优先功能，以及中级的D90也没有的“主体追踪”功能。有了这种Live View的性能，D5000吸引了更多DC（Digital Compact）的用户，让他们享受到了DSLR的拍摄效率和极高的影像品质。

与高一级别的D90相比，D5000拥有可反转扭动的LCD屏，在价钱上也更便宜，虽然整体性能未及D90，但也不可以小看它。比如D5000每秒4张的连拍速度，与D90的每秒4.5张相差无几，这样的速度在菲林年代已属于专业级的表现，因此D5000绝对能给予用户极强拍摄性能的体验。此外，D5000还新增了安静快门释放模式，特别适合在需要保持安静的环境下进行拍摄；还有间隔定时拍摄功能，使得此机的创作可能性大大提升。

可见D5000虽然价格定位在入门级，但性能已达到中高级水平，它拥有从最顶级D3X到中级的D90都没有的可转动LCD显示屏，做到连专业级相机都做不到的拍摄性能，毫无疑问，D5000对用户具有极大的吸引力！

中高级表现

高速连拍功能

无论是JPEG还是RAW都可以保持高达4fps的连拍速度，此连拍模式对于捕捉快速移动的主体，例如运动中的小朋友或行驶的汽车等非常有效，同时配合相机的连续对焦功能，令拍摄更为轻松。

多样化场景拍摄模式

19种场景拍摄模式，包括儿童照、运动、日落和人像等，即使是初学者也足够使用了。随时根据相应的场合，选用合适的拍摄模式，很容易拍出理想照片。

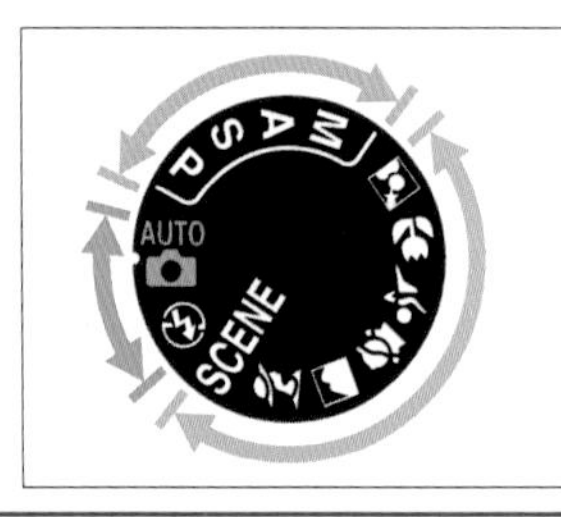

自动对焦模组

D5000采用Multi-CAM 1000自动对焦模组，多达11个对焦点可以覆盖广阔的画面范围，同时相机的对焦功能可以快速稳准地捕捉拍摄画面。原本11点对焦是Nikon中高级DSLR的功能，如今用在了Nikon D5000上，证明其系统的性能绝不可以小看。

人体工学机身

全人体工学设计的机身，十分贴合用户的手形，握持稳定舒服。其手柄处包有防滑皮革，即使拍摄时单手握机，也一样稳当。D5000的机身非常轻巧，又参考了专业系列的设计，给用户极好的平稳感觉，即使使用较重的大型镜头，也能保证舒适感。

特别设计排气口

在反光板下方，D5000加入了特别设计的排气口，当反光板升起时，带动空气流动，使感光元件的染尘几率会降到最低。

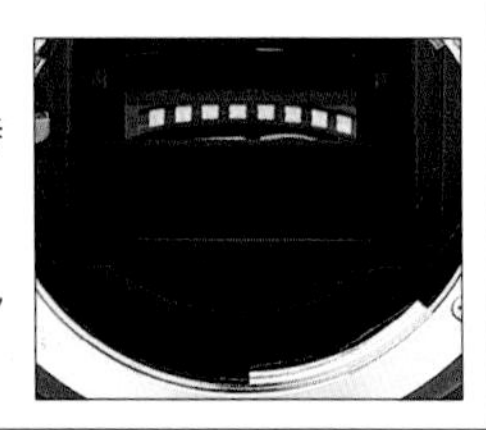

超声波除尘

D5000还具备防尘震动装置，其原理是利用4种不同的超声波，震除低通波滤镜的尘埃，确保感光元件不会染尘，影像就自然保持清晰了。

方便的闪光灯

D5000机身内置的闪光灯具备i-TTL闪光功能，与相机测光系统联动。如果使用场景拍摄模式或自动曝光模式，相机便会自动弹出闪光灯以确保照片曝光准确，在逆光拍摄照片时特别有用。

1 230万像素CMOS

采用高质量的DX格式CMOS感光元件，可以达到1 230万的有效像素，分辨率为4 288像素x2 848像素，与Nikon顶级DX相机D300相同，因此D5000被视为用了最好的DX核心。

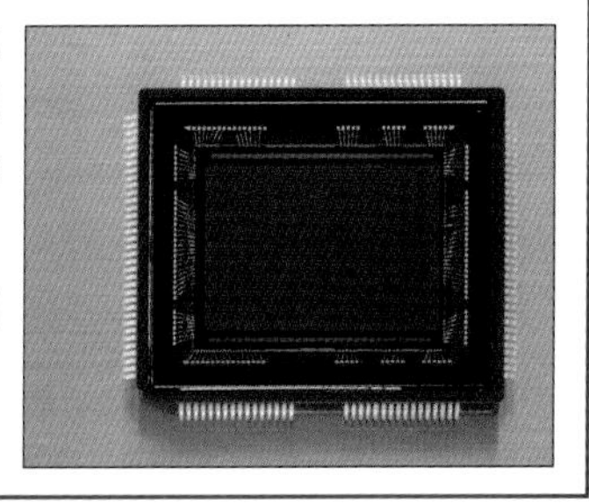

场景辨认系统

D5000加入了Nikon的场景辨认系统，其420像素的RGB传感器提升了自动对焦、自动曝光和自动白平衡的性能，同时也负责人脸对焦。由于采用了这个系统，D5000得以具备了顶级相机的11点动态区域自动对焦功能、3D立体跟踪对焦功能，有效地辨认主体，就连人脸对焦和曝光控制也一手包办，非常先进。

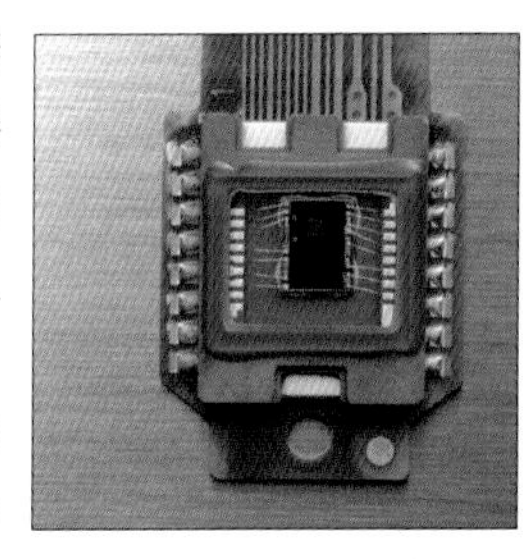

新增短片拍摄

新增3D-Moive动画拍摄功能，这是在D90之后，另一部可以拍摄短片的Nikon DSLR。用户可以自由选择320像素x160像素、640像素x424像素或1 280像素x720像素分辨率的AVI格式短片。而D5000具备可转动LCD屏，让拍摄短片变得更加容易。

强大的EXPEED处理器

D5000采用了EXPEED影像处理系统，这个新系统保证了1 230万像素照片的色彩丰富，层次细腻，而且可以将噪点控制到最少状态。当然，这个影像处理器运作速度很快，为用户在高速连拍中使用D-Lighting提供了稳定的拍摄保证。

充足电力系统

特长寿命的锂电池，可长时间拍摄多达500张，再配合D5000的省电设计，令相机保持电力充沛，即使拍摄一整天也没有问题。此锂电池配有专用的充电器，充电快速，确保了用户的相机电力需要。

宽阔的感光度调整范围

D5000有广阔的感光度调整范围，ISO 200～ISO3 200，也可以利用扩展功能，扩大至ISO 100～ISO 6 400。由于拥有极宽阔的ISO选择，无论在哪种环境，用户都可以选择合适的ISO拍摄。此外，D5000加入了自动ISO功能，用户可选择一定范围的感光值，让相机根据实际亮度自行调节合适的ISO，使拍摄更加方便。

高亮度取景器

这个取景覆盖达95%的取景器，具有78%放大率，不但明亮舒服，而且提供了主要的拍摄信息，例如光圈、快门、合焦指示及照片剩余张数等。另外，取景器可显示取景网格，帮助摄影师构图。

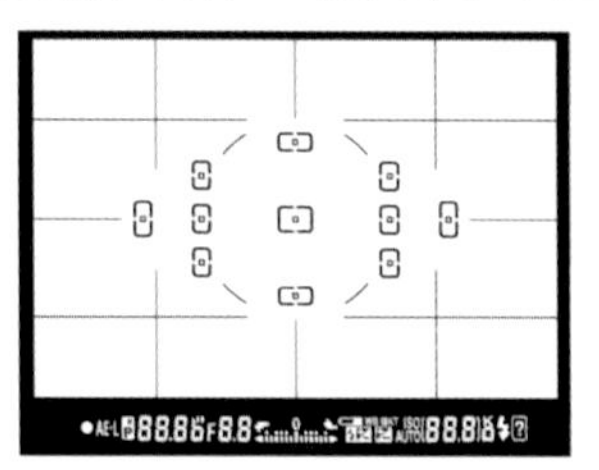

内置照片处理功能

相机内置了照片编辑功能，用户不需经过电脑就可以处理照片，包括裁切、小图片、D-Lighting等。Nikon D5000还加入了滤镜效果等新功能，十分好用。

动态D-Lighting

采用的动态D-Lighting功能提升了照片的明暗部层次，令影调变化更细腻丰富，即使在高对比度的环境中，照片最亮的部分仍能保留影像信息，它是确保照片达到最高质量的重要功能。

OFF

ON

备有HDMI接口

采用HDMI接口，可以直插相关视频设备，例如高清电视机，用来播放D5000拍摄的照片和影片，方便易用。

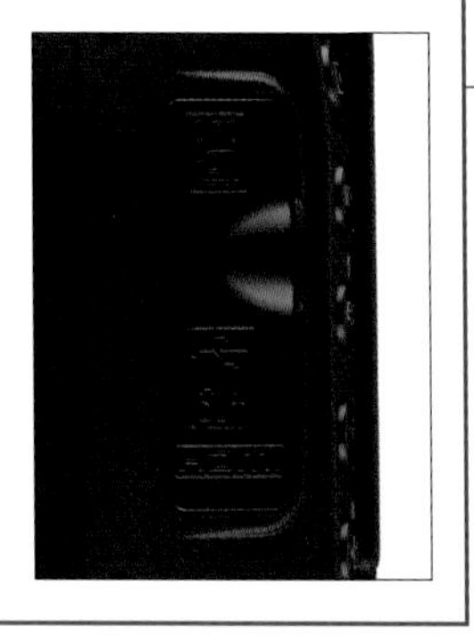

快速的操作按钮

将播放照片、开启菜单、放大和缩小等主要功能按钮独立安排于相机的机背左侧，方便用户随时启用，操作更加直接。

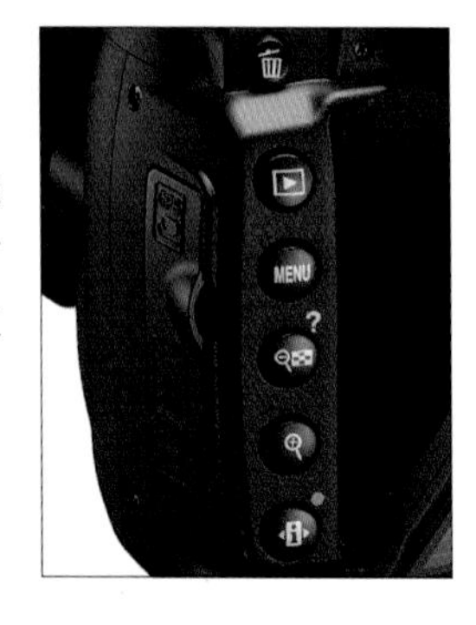

照片校准系统

内置照片校准系统(Picture Control System)，除了出厂时已具备的人像及风景模式外，还可以任由用户加入不同的自定义模式，令照片控制功能更加多样化，也确保了照片的细腻。

100 000次长寿快门

为了令D5000的寿命更长，Nikon采用了耐用的快门组件，其寿命高达100 000次，最高快门速度更可达1/4 000s，闪光灯同步快门速度为1/200s，这个快门轻巧耐用，灵敏准确，可以保证每张照片曝光准确，即使在恶劣环境也运作正常。

多元化拍摄模式拨盘

拍摄模式拨盘聚集了多种曝光模式，其位置安排在快门释放按钮附近，方便用右手转动，即使用户眼睛不离开取景器，也可以触摸到并随时改变需要的曝光模式，给予用户快速、轻松的操作。

备有Live View快捷按钮

这部相机可谓善用了Live View功能，它可以在2.7英寸的LCD上显示实时取景的画面。而机背加入的独立Live View启动按钮，可以让摄影师简单地一按即进入Live View状态，充分发挥Live View的实用性。而在Live View状态时，人脸对焦和主体跟踪功能也会同时启动。

支持SD存储卡

SD存储卡早已广泛应用于各种不同的媒体，而D5000采用这种轻便小型的存储介质与机身十分匹配。D5000支持SDHC格式，这让用户可以使用特大容量的存储卡。

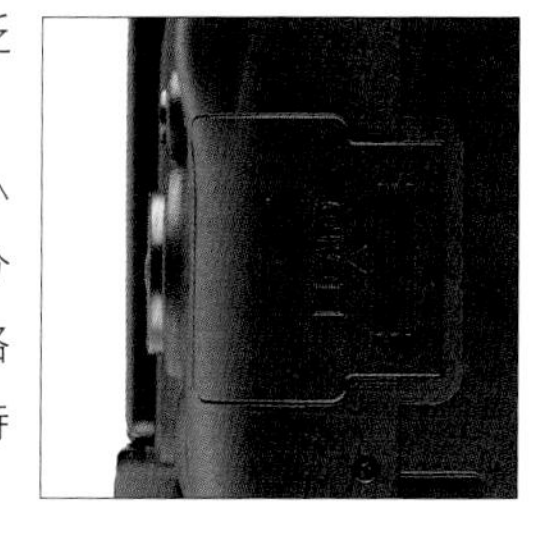

超大可扭动LCD屏

2.7英寸超大的LCD显示屏，可以配合Live View（实时取景）同时启动，并可在上下转动90°后再进行左右扭动180°。令拍摄时的取景更加灵活方便，任你高、低角度拍摄，都可以通过扭动LCD观察拍摄的画面，灵活性极高！

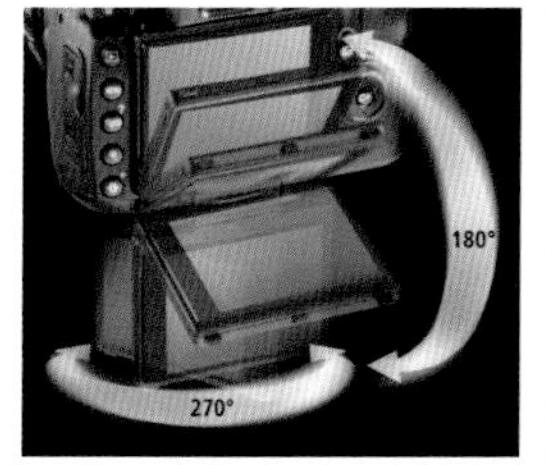

显示丰富拍摄信息

显示屏可以在拍摄时，以图像化方式显示多项拍摄信息，包括主要设定、光圈快门、照片数目等，一目了然，用户更可以自由设定显示的背景颜色和照片，实用性很高。

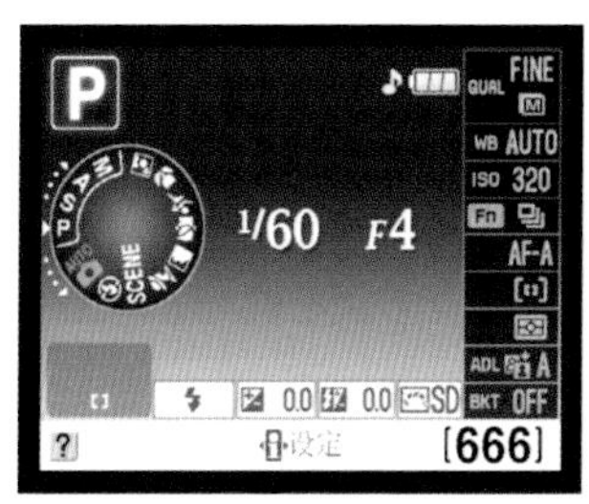

各种自动模式

“在这些模式下，用户可以不用在意太多的相机设置，轻松地根据需要挑选模式，相机会提供最接近需要的拍摄设定，轻易拍到佳作！”

P、A、S、M曝光模式
AUTO（自动）模式
各种场景模式

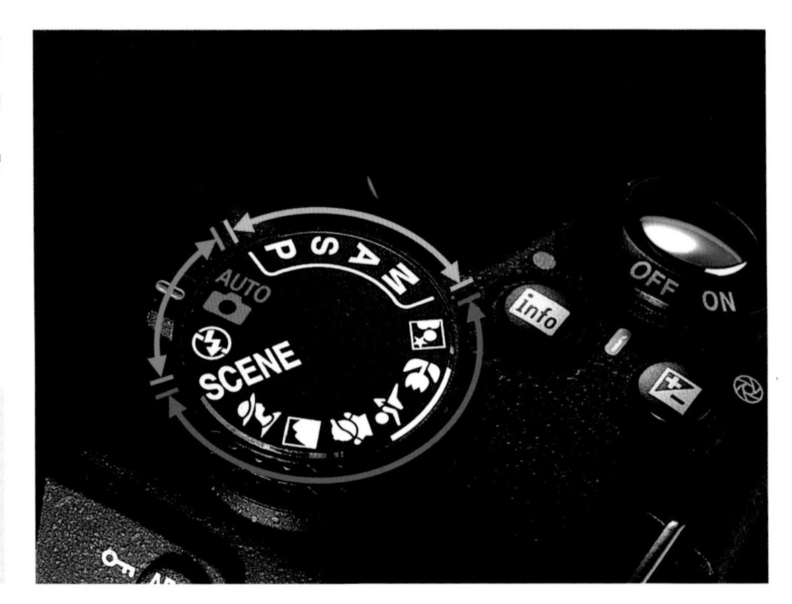

模式拨盘

右图模式拨盘上包括P、A、S、M曝光模式（可阅第46页）、AUTO及闪光灯关闭的AUTO模式、各种SCENE（场景）模式

Auto Mode自动模式

自动（Auto）

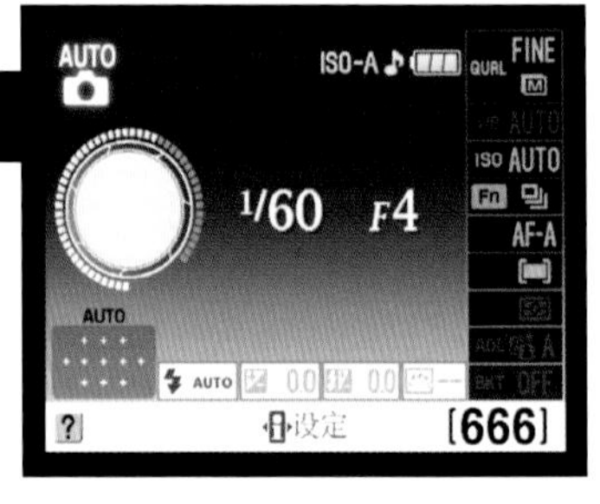

Nikon以“即取即拍”来形容这个“Auto”模式，原因就是它是一个不用摄影师担心的全自动拍摄模式。它可以对相机大部分功能作自动控制，包括光圈、快门、ISO（感光度）、测光模式、闪光灯等来配合一般情况下摄影的需要。因此，用户即使完全不懂摄影，也可以利用D5000的自动模式处理一切所需要的控制。

对于商业摄影人士或一些家庭用户来说，并不想花太多时间去了解D5000的每种设置，那么，把D5000设定到这个“Auto”模式就可以完全放心地拍摄了。

▲光圈：f/8，快门：1/250s，感光度：ISO 200

自动（闪光灯关闭）

“Auto”自动模式十分实用，对于第一次接触单反相机，甚至是初学者来说，是一个非常有用的功能。

可是，这个功能也包括了自动闪光，也就是说当光线太弱或不理想时，D5000的内置闪光灯便会自动升起闪光。但是如典礼、博物馆内、展览会等一些需要保持现场照明气氛的情况下，便不宜用闪光灯了，在这些环境下，可以使用自动（闪光灯关闭）模式。

▲光圈：f/4，快门：1/40s，感光度：ISO 400

场景模式SCENE MODE

D5000的模式拨盘上只有6个图标，均是为6种不同场景需要而设计的“场景模式”。而当把拨盘拨至SCENE时，再转动指令拨盘，则还可以选择另外的13个场景模式。

人像

人像摄影是颇为流行的拍摄题材，但并非所有有人出现的画面都是人像摄影。人像摄影泛指以单个人物作为主体，并突显主体的照片。为了达到这个目的，人像摄影通常都会选择中等远摄端的镜头拍摄主体人物从头到肩膀的半身范围，以D5000来说，50mm～80mm的焦距最宜用于拍摄人像，为了突显人像，通常会用较大的光圈，使景深浅一点。若使用Live View拍摄，建议配合“脸部优先”功能拍摄。

◀光圈：f/1.8，快门：1/160s，感光度：ISO 200

风景

风景摄影指拍摄一般的大自然风景，山水、辽阔的原野或平原和蓝天碧海是常见的风景摄影题材。一般而言，拍摄风景需要较大的景深，使画面中由远到近的景物都有极清晰的表现，要做到这种效果，就需要把光圈缩小，把镜头的景深尽量扩大。

利用D5000的风景模式，可以让D5000自动把光圈调小，但同时也要保证快门速度不要过慢，以免照片由于震动造成模糊。总之，D5000会为摄影师作出最佳的设定。

▲光圈：f/11，快门：1/6400s，感光度：ISO 200

儿童照

对一般用户来说，儿童是颇为流行的拍摄题材，甚至不少人特意买一部D5000，就是希望可以拍出有水准的儿童照片。

儿童十分活泼可爱，而且活动时动作也十分迅速，甚至突然，例如儿童的手脚会突然舞动，大一点的小孩有时也会出现突然的动作。要把他们拍好，D5000的快门速度就不能设置得太慢，以免影响影像的清晰度。利用儿童照模式拍摄时，D5000会自动采用较高的快门速度，并且在需要时提供闪光照明。若使用Live View拍摄，建议配合“脸部优先”功能拍摄。

▲光圈：f/2.8，快门：1/100s，感光度：ISO 400

运动

体育摄影是一项挑战性极高的拍摄题材，摄影师不单单要顾及不断变化的画面，还要时刻不停地调整构图，而且还要兼顾高速运动的主体，一旦快门速度不够快，主体的动作就会变得模糊。

要解决这个问题，相机的快门一定要够快，以保证把动作“定格”。在运动模式下，D5000会自动将快门速度尽量提升至最高，如果拍摄光线不足，D5000还将自动大幅度提升ISO（感光度），以确保较快的快门速度。

◀光圈：f/5.6，快门：1/1250s，感光度：ISO 200

近摄

要把小小的物体放大来拍摄，最好使用微距镜头，如果用一般镜头，也应该用焦距略长的中距镜头在较近的距离对准主体。由于每一支镜头都有其最近对焦距离，因此，近距拍摄只能以此为极限。

对焦太近，画面会因微小的震动而显得模糊，要解决此问题，就要尽量提升快门速度。

在近摄模式下，D5000会自动调高快门速度，以保证快门不会太慢。在拍摄要求较高的近摄照片时，应尽量固定相机，最好开启镜头的VR减震功能，建议配合使用三脚架。

◀光圈：f/2.8，快门：1/250s，感光度：ISO 125

夜间人像

夜间人像是指在晚间光线比较弱的时候所拍摄的人像照片。一般而言，人像照片大多数会选择在日间拍摄，但当太阳已下山又没有完全变黑时，天空会泛蓝，十分美丽，而在这个时候拍摄的人像相当吸引人。

在夜间人像模式中，D5000会提供自动闪光。当主体的照明光线过暗时，闪光灯会自动启动为主体的照明，但光圈仍然会尽量保持放大，以摄取较多的现场光线，快门则会配合闪光灯同步，确保曝光无误。

◀光圈：f/4，快门：1/3s，感光度：ISO 250

夜景

夜景是极具吸引力的题材，因为通常人们的视觉经验主要来自光线充足的白天或照明充足的夜景（或室内），在晚间光线较暗的照明环境下机会很少，可以说夜景拍摄成为了初学者视觉上一次全新的体验。更特别的地方在于夜景拍摄由于光线不足，曝光时间会比较长，因此可以在同一个影像中记录一段时间较长、形式独特的画面，因为人的肉眼视觉不可能一次性观看到长达几秒以上的连续影像。

利用D5000的夜景模式，光圈会缩到恰当的大小，令曝光时间延长，以满足夜景摄影的需要。

◀光圈：f/8，快门：8s，感光度：ISO 200

宴会/室内

由于D5000是一部极适合家庭用户及年轻人使用的相机，不少用户会用它拍摄一些室内的聚会，例如晚会、宴会或家庭式假日聚会等，这些通常会在室内举行的活动，现场光线可能比较柔和有相当好的气氛，如果用一般模式拍摄，闪光灯可能太强而导致失去现场气氛，又或者忘记使用闪光灯而导致照明不足。

利用宴会/室内模式拍摄，D5000会作出比较平衡的调整，例如光圈会变大，并配合恰当的闪光输出，这样能使现场气氛完好地保留之外，主体也能有足够的照明。

海滩/雪景

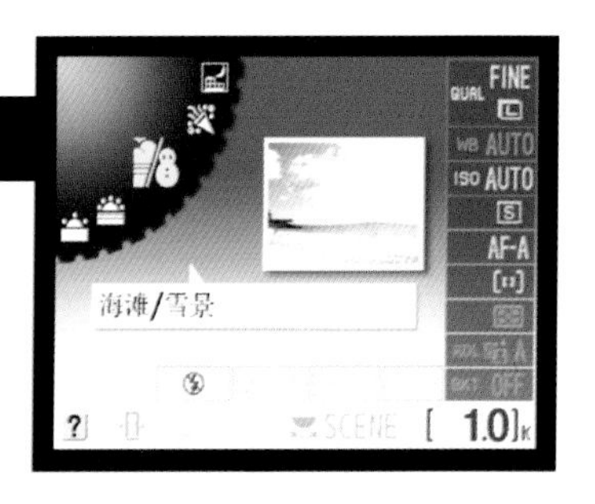

对大多数初学者来说，在阳光下的海滩或雪地拍摄人物都经常会遇到曝光不足的问题，这种情况下影像都会拍得比较暗，人脸的细节也看不清楚。

其实，这是由于在强烈光线下的海滩或雪地都有相当强烈的反光，而反射的亮度远比相机测光系统所预期的要高，因此，便会误导相机的曝光评估，令照片拍得不够完美。要把这类画面拍摄好，可能需要手动进行较精确的调整，但使用D5000的海滩/雪景模式，可以轻易把海滩、雪景，甚至曝光下的水面等画面拍好。

◀光圈：f/5.6，快门：1/125s，感光度：ISO 200

日落

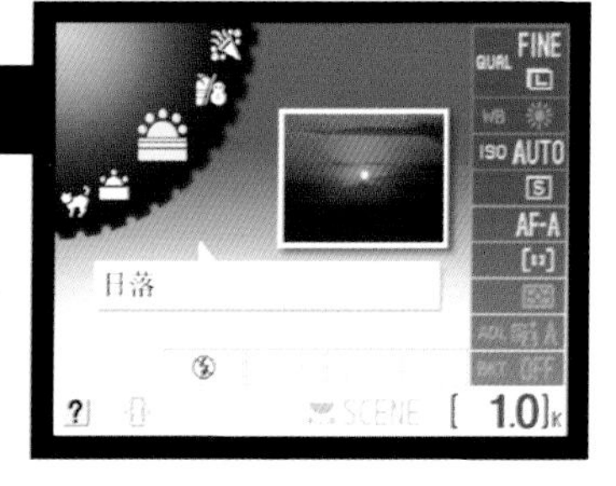

夕阳西下是极具吸引力的题材，金色的斜阳，加上迷人的晚霞，是不少摄影爱好者都喜欢拍摄的景色，但要把这一类题材拍摄好也不简单。摄影师要懂得小心设定色温，才可以把迷人的日落气氛表现出来，否则金光万丈的夕阳很可能会被拍得淡而无味，十分可惜。如果使用日落模式，D5000除了可以提供准确的曝光之外，还会特别调整白平衡，使影像有更佳的金黄色表现，令日落的景物看来更迷人，照片更有感染力。

◀光圈：f/10，快门：1/400s，感光度：ISO 200

黄昏/黎明

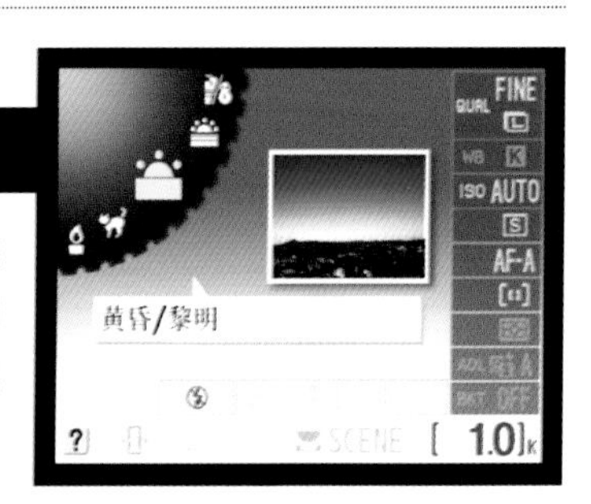

当太阳完全落山后，天空会出现极迷人的晚霞，如果在夏日极晴朗的天气，近地平线的地方会泛出金光，但慢慢向上渐变为橙色、红色、紫色，一直到蓝天。到天亮时可能出现黄色，一个十分漂亮的色谱变化就呈现了出来。这个情况也会出现在日出前，在晴朗日子的清晨，当太阳仍未跃出地平线，蓝色的天边颜色已经由鱼肚白色变为金色，而天空仍然是深色，这时正是摄影师所说的“魔术时刻(Magic hours)”。要把这一种情况完美记录下来，可以利用D5000的黄昏/黎明模式，相机能充分准确地表现出这个美丽的时刻。

◀光圈：f/8，快门：1/400s，感光度：ISO 200

宠物像

拍摄宠物，特别是猫、狗，是极具吸引力的拍摄题材。由于是都市人平常接触野生动物的机会很少，宠物猫、狗则是大家经常可以接触到的动物，而且它们活泼可爱，获得主人的宠爱，因此，宠物便成为不少人喜欢拍摄的题材，甚至有人为了拍摄宠物而购买相机学习摄影。而D5000特别设有宠物像模式，其主要特点是可以提供极高的快门速度，保证影像清晰。另外，为了避免宠物在弱光时被相机的AF辅助照明灯干扰，在这个模式下，D5000会自动把AF辅助照明灯关掉。

◀光圈：f/4.5，快门：1/500s，感光度：ISO 200

烛光

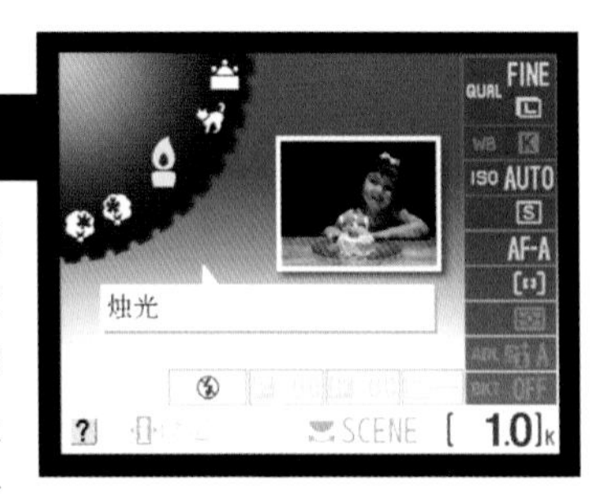

生日派对最高潮的时刻就是把生日蛋糕上的蜡烛吹灭，通常在吹蜡烛之前，都会先把现场的灯光关掉，让大家的焦点都集中在主体身上。在这种背景极暗场景下很难进行正常拍摄，不少人都会利用闪光灯辅助拍摄，其实这样做是错误的，因为这样会把现场气氛完全破坏。Nikon D5000的烛光模式会自动关闭内置闪光灯，并以较大的光圈以及较慢的快门速度，尽量保留现场的气氛，令以烛光照明的画面更加自然，让美好的记忆永远保留。由于这种模式的快门速度会因为亮度不足而较慢，因此建议使用三脚架辅助。

◀光圈：f/2.8，快门：1/15s，感光度：ISO 800

花

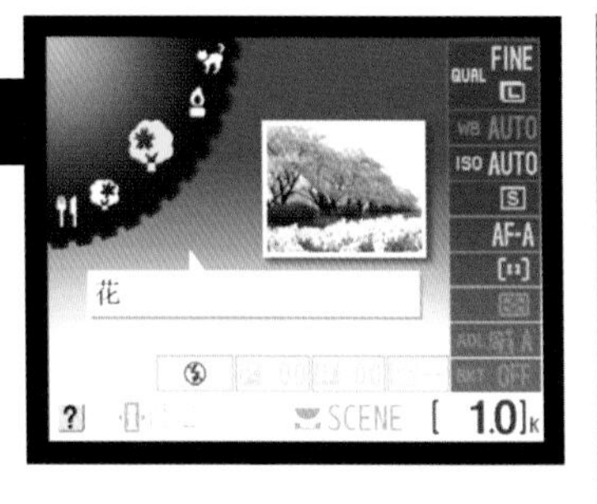

花卉摄影是指拍摄漫山遍野都是鲜艳花卉的野外风景照片，包括拍摄一些色彩鲜艳的果园与田园。这些场景的拍摄其实与一般的风景摄影十分相似，只是花卉的照片会更强调色彩。在这种模式下，D5000会把光圈适度地缩小，让影像有足够的景深，以便于拍摄到极锐利的画面。

在这个模式中，闪光灯会完全关闭，以使景物的自然色彩能够在自然的照明下得以充分表现，突显大自然之美。

◀光圈：f/5，快门：1/1000s，感光度：ISO 400

秋色

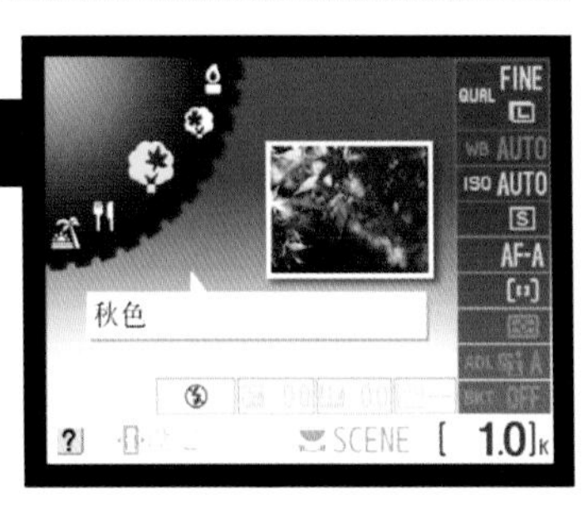

秋色是一个为拍摄秋天红叶或泛黄的树叶而设置的特别模式，在这个模式下，拍摄的红叶都会突显其迷人的红色和黄色，让叶子的色彩得以很好地展现。

虽然，并不是每一个城市的秋天都会有红叶，但举一反三，若要突显一些以红色或黄色为主的画面，这个秋色模式便可以大派用场。在这个模式下，D5000会采用比较均衡的光圈与快门值，并会关闭内置闪光灯，让自然的色彩得以充分表达。

◀光圈：f/7.1，快门：1/125s，感光度：ISO 400

食物

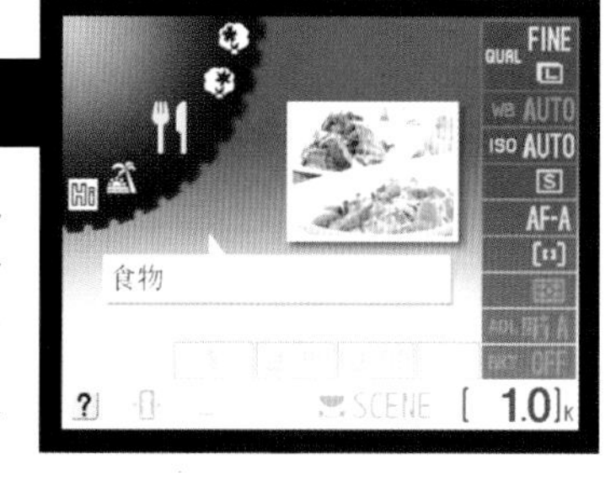

不少喜欢记录生活印记的朋友都喜欢拍摄桌上的食物，尤其是光顾一家惬意的餐厅时，当服务员把色香味俱全的食物端到面前，很多人会迫不及待地想要用相机把它们拍摄下来。

拍摄食物其实也是近物拍摄的一种，十分讲究影像的逼真和传神，要求把食物的质感活现在画面上，因此，建议利用自然光线进行拍摄而不使用闪光灯，但是如果遇上太暗的环境，也可以使用闪光灯作为辅助照明。不使用闪光灯拍摄时，最好使用三脚架来固定相机，避免影像模糊而令影像的逼真度大打折扣。

剪影

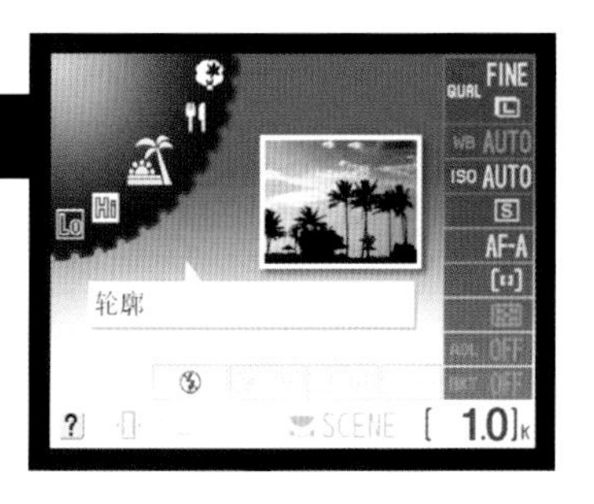

所谓剪影，是指影像看上去好似剪纸艺术一样，只显现出其黑色的外形轮廓，而不着重于主体纹理及质感的表现，把主体拍成黑色。这种照片只适合在逆光的情况下，拍摄一些有独特外形线条的主体画面。如果要自己设置拍摄，需要仔细测量背景及主体的亮度，务必把主体拍成完全的黑色，才有剪影的效果。

而利用D5000的剪影模式，可以减少影像的曝光，把主体拍成黑色。D5000会自动大幅度提升影像的明暗对比（反差），让影像更加黑白分明，高光位更明亮，而暗部则更暗。

◀光圈：f/16，快门：1/200s，感光度：ISO 200

高色调

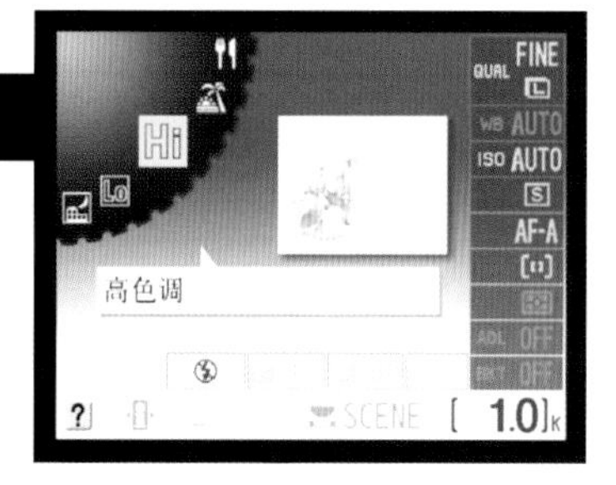

以白色的或高光的物体为拍摄对象，如果要把它们拍摄得光亮洁白，就要恰到好处地提升曝光量。在拍摄例如婚纱、雪地等任何以白色为主色调的画面时也可一试。

如果用户自己进行拍摄设置，需要较多的经验积累，但利用D5000的高色调模式拍摄，相机会自动提升影像的曝光量，如果遇到亮度不足，更会自动提高ISO感光度，确保画面得到较多的曝光。在这个模式下，D5000也会把内置闪光灯关掉，单单以现场光线作为照明。

◀光圈：f/5.6，快门：1/200s，感光度：ISO 200

低色调

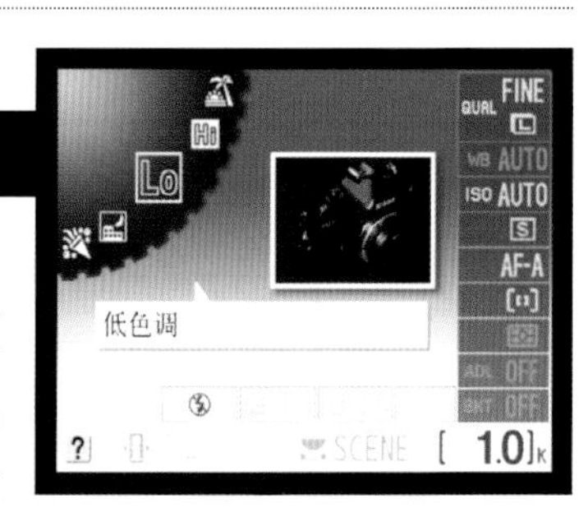

和高色调的画面相反，低色调画面是指以黑色或极暗的色彩为主的画面，只有主体上的高光部位有足够的曝光，使主体的外观及轮廓得以充分表现，增加影像的神秘感。这种模式适用于拍摄漆黑背景前，以侧光作为照明，穿暗色衣服的人物以及黑色金属物体或皮革制品等其他天然的黑色素材。

如果用一般的自动曝光，黑色背景会因曝光过度而变成灰色，而物体的高光部分也会因为曝光太多出现过度曝光的情况。如果以手动调整来减少曝光，需要有一定的经验及精密的曝光测定，但使用低色调格式拍摄，影像会得到十分恰当的减光。

◀光圈：f/16，快门：1/2s，感光度：ISO 200

D5000、D3000、D60、D90

初中级Nikon DSLR比较

Nikon D5000是Nikon DSLR较新的4位数系列DSLR，这个系列中除了有D5000之外，还有D3000，都是针对初学者的机型，与不久前发布的Nikon D60和Nikon D90的市场定位相近。用户如果要购买Nikon初中级的DSLR，应如何选择呢？

虽然Nikon没有明确指出D5000和D3000是用来即时“取代”D90及D60的新一代DSLR，但它们是两部以渐进方式继承同一市场空间的DSLR。其中D5000与D90比较相似，而D3000则与D60比较接近，因此，对于Nikon的DSLR入门级准用户来说，自然普遍会把目光集中于较新的D5000及D3000相机上。那么，D5000和D3000有何区别呢？

表面上，D5000和D3000都分别多了一个可以转动调节的LCD屏，另外D5000还可以拍摄720p的高清影片，其实D5000还有比D3000更多的优胜之处，如D5000所用的影像传感器与D90所用的相同，都是1 230万像素的CMOS；而D3000则采用了D60的1 020万像素 CCD，但它却没有一并采用D60的3区TTL AF传感器Multi-CAM 530，而是用了与D90及D5000相同的11区TTL AF模组Multi-CAM 1000。D5000比D3000、D60及D90功更强的是D5000有极强的Live View功能，就算是与实力相当的D90相比，也增加了主体跟踪功能！

连拍方面，D3000及D60根本无法与D5000相比。虽然D90有4.5fps的连拍速度，比D5000的4fps略胜一筹，但D5000却可以一口气连拍63个JPEG精细或11个RAW影像，比D90的连拍效率更优。

由于D90是较高级的相机，因此采用了3英寸的920 000画点TFT LCD屏。D3000的LCD屏虽然也是3.0英寸TFT，但只有230 000画点。D5000的LCD屏虽然只有2.7英寸及230 000画点，但它的LCD屏却是Nikon DSLR这4部入门级相机中唯一可以转动取景的，若想要更方便、更灵活地取景，这一点是极重要的。

说到影像品质，4部Nikon DSLR均以相同的Expeed系统来处理12bit的影像，因此，除了D3000及D60只有1 020万像素外，D5000及D90都为1 230万像素，但画质表现几乎是一致的。

在Nikon极先进的动态D-Lighting系统方面，D5000和D90如出一辙，均有较多的设定选择，而D3000及D60在这方面则较为简单，只有开关的设置。此外，D5000和D90均有自动的机内色差矫正，D3000及D60两机均欠缺此项功能。

虽然D90很多方面与D5000相近，但说到相机的处理功能，D5000比D3000、D60及D90的都要多，因此，可以说D5000具有更强的处理影像功能。

说到底，4部Nikon DSLR应该如何选择呢？我们认为，D60如今看来过于简单，如果要选择“物美价廉”的机型，又没有特别的拍片需要，D3000是最佳的选择；但若需要有可调节的LCD屏来方便构图，又要具备较强的拍摄性能，那D5000就是最佳的选择。D90的定价比D5000略高，除了连拍速度稍快、LCD屏有较高的分辨率、D90用的取景器是真正的棱镜、有较佳的控制系统、适合要求较高的用户外，其性能与D5000相差无几，D5000绝对能够以较更多的功能优势以及更实惠的价格与D90一决高下。Nikon D5000以其极完备的性能，绝对适合对性能有较多要求但又精打细算的用户。

Nikon D5000

Nikon D3000

Nikon D60

Nikon D90

4部Nikon DSLR规格比较

机身信息/机身型号	D5000	D3000	D60	D90
有效像素	1 230万 23.6mm X 15.8 mm CMOS DX格式	1 020万 23.6 mmX 15.8 mm CCD DX格式	1 020万 23.6 mmX 15.8 mm CCD DX格式	1 230万 23.6 mmX 15.8 mm CMOS DX格式
影像尺寸（像素）	4 288 X 2 848 3 216 X 2 136 2 144 X 1 424	3 872 X 2 592 2 896 X 1 944 1 936 X 1 296	3 872 X 2 592 2 896 X 1 944 1 936 X 1 296	4 288 X 2 848 3 216 X 2 136 2 144 X 1 424
清洁感光元件系统	Airflow多重除尘系统 清洁影像传感器 影像除尘数据(Capture NX 2)	Airflow多重除尘系统 清洁影像传感器 影像除尘数据(Capture NX 2)	Airflow多重除尘系统 清洁影像传感器 影像除尘数据(Capture NX 2)	清洁影像传感器 影像除尘数据(Capture NX 2)
自动对焦系统	11点TTL 相位侦察 Nikon Multi-CAM 1000 自动对焦模组	11点TTL 相位侦察 Nikon Multi-CAM 1000 自动对焦模组	3点TTL 相位侦察 Nikon Multi-CAM 530 自动对焦模组	11点TTL 相位侦察 Nikon Multi-CAM 1000 自动对焦模组
机身马达	无	无	无	有
自动对焦模组	单点AF 动态区域AF 自动区域AF 3D 跟踪(11点AF)	单点AF 动态区域AF 自动区域AF 3D 跟踪(11点AF)	单点AF 动态区域AF 自动区域AF(最近主体优先)	单点AF 动态区域AF 自动区域AF 3D 跟踪(11点AF)
即时取景	脸部优先 宽区域 标准区域 主体跟踪	无	无	脸部优先 宽区域 标准区域
ISO感光度	ISO 200～ISO 3 200 可扩展至ISO 100～ISO 6 400	ISO 100～ISO 1 600 可扩展至ISO 3 200	ISO 100～ISO 1 600 可扩展至ISO 3 200	ISO 200～ISO 3 200 可扩展至ISO 100～ISO 6 400
连续拍摄	每秒4张 最多63张JPEG，精细 最多11张RAW	每秒3张	每秒3张 最多100张JPEG，精细 最多9张RAW	每秒4.5张 最多25张JPEG，精细 最多7张RAW
取景器	眼平五棱镜型	眼平五棱镜型	眼平五棱镜型	固定眼平五棱镜
取景器放大率/覆盖范围	0.78倍/95%	0.8倍/95%	0.8倍/95%	0.94倍/96%
LCD显示屏	2.7英寸 TFT LCD 23万画点	3.0英寸 TFT LCD 23万画点	2.5英寸 TFT LCD 23万画点	3英寸 TFT LCD 92万画点
体积（mm）	127 X 104 X 80 5.0 X 4.1 X 3.1（英寸）	126 X 94 X 64 5.0 X 3.7 X 2.5（英寸）	126 X 94 X 64 5.0 X 3.7 X 2.5（英寸）	132 X 103 X 77 5.2 X 4.1 X 3.0（英寸）
重量（g）	没有安装电池:560(1.2lb) 有安装电池:611(1.3lb)	没有安装电池:620(1.1lb) 有安装电池:703(1.2lb)	没有安装电池:471(1.0lb) 有安装电池:522(1.2lb)	没有安装电池:620(1.4lb) 有安装电池:703(1.6lb)
影像处理器	Expeed 12bit	Expeed 12bit	Expeed 12bit	Expeed 12bit
动态D-Lighting	可以选择自动、加强、标准、微弱、关闭	开/关	开/关	可以选择自动、加强、标准、微弱、关闭
相机内置处理功能	D-Lighting 红眼修正 裁切 单色 色彩平衡 小图片 影像合成 NEF(RAW) 处理 快速润饰 矫正 失真控制 鱼眼 透视控制 色彩轮廓 超炫动画短片 并排比较	D-Lighting 红眼修正 裁切 单色 色彩平衡 小图片 影像合成 NEF(RAW) 处理 快速润饰 图像使用界面 Miniature Effect 超炫动画短片 并排比较	D-Lighting 红眼修正 裁切 单色 色彩平衡 小图片 影像合成 NEF(RAW) 处理 快速润饰 矫正 失真控制 鱼眼	D-Lighting 红眼修正 裁切 单色 色彩平衡 小图片 影像合成 NEF(RAW) 处理 快速润饰 矫正 失真控制 鱼眼
短片拍摄	有	无	无	有
即时取景	有	无	无	有
包围曝光	有	无	无	有

D5000机身各部分名称：超级详析

1 镜头卡口

D5000仍然是采用F卡口，这是沿续了50多年的Nikon卡口设计，适用于多种Nikkor镜头。不过，用户要留意的是，虽然D5000可适配不同的Nikkor镜头，但由于卡口上并没有设置置于相机机身的自动对焦驱动马达，因此要想保持自动对焦操作，必须使用AF-S的镜头，因为这些镜头均设有镜身驱动的AF马达。金属的卡口本身相当耐用，但安装时也要细心留意，务必将白点对准之后插入镜头

并扭紧，以免弄花或者造成损坏。而镜头卡口内部的CPU接点也应避免用手指触碰，否则会影响镜头和相机之间的信息交换，影响拍摄。

2 反光镜

它是用来把镜头中的影像反射至取景器上，而且也可以把光线反射至对焦传感器和测光传感器上，是单反相机重要的组成部分，拍摄时会自动上升让光线进入后方的快门和CMOS影像传感器上。当进行Live View（实时取景）拍摄时，反光镜便会上升。反光镜相当重要，所以用户使用起来要非常小心，勿把它的表面弄脏。尽量不要尝试自行清洁，若有尘垢，可以使用气泵吹走，或交回Nikon维修部进行专业清理。

3 红外线接收器

当使用相机的延迟遥控或快门响应遥控模式时，可使用另购的ML-L3遥控器来引导启动快门。有效距离在5m以内，这可以方便进行自拍或者取代电子快门线，但要注意若在同一地点有多人同时使用的话，便可能受到干扰。

4 AF辅助照明灯/自拍指示灯/防红眼灯

这个灯可以在相机的AF-A或AF-S对焦模式下对焦困难时自动点亮。在黑暗中或主体的对比度不足时，该灯发出的光可以帮助相机的AF传感器继续侦测焦点的位置，此灯的有效范围为0.5～3m。若不想使用此灯，可以在个人设定菜单的“a2：内置自动对焦辅助照明灯”中关

闭。此外，此灯也是自拍启动的指示灯和防红眼的辅助灯。

5 电源开关

这是相机的主开关键，以推杆的形式来操作。

6 快门释放按钮

又叫快门键，就是用于释放快门。但对于如今的自动对焦单反相机，此按钮

更是自动对焦和曝光锁定的按钮，此按钮设有两段，轻按至第一段(半按)，相机便会进行自动对焦，在AF-C时更可持续对主体进行跟踪对焦，保持半按也可锁定曝光(在个人设定菜单的“c1：快门释放按钮AE-L”设定开启时)；如果要打开快门拍摄，就需要完全按下快门(全按)。

7 曝光补偿 / 光圈 / 闪光补偿按钮

这是一键三用，首先，在自动曝光的拍摄模式下，按着它再转动机身后面的指令拨盘便可增减曝光补偿；第二个用途是在A光圈优先或M手动曝光模式时，按着它再转动指令拨盘可以更改相机的光圈值；第三则是用于闪光灯曝光补偿功能的调整，需要配合闪光补偿按钮和指令拨盘同时使用。

8 info信息/双键重设按钮

此按钮具备两个功能，在拍摄时若按下此按钮，LCD屏上会显示拍摄参数的画面，配合机身背左下方的“i”信息编辑按钮，便可以即时对各种拍摄设定进行改动，而在Live View时，按动此按钮则可以切换至不同的显示画面(在个人设定菜单“d7：即时取景显示选项”中设定)，包括取景网格等。而另一个用途则是用于重设相机设定，以恢复相机出厂的设定，重设时要同时按着此按钮和机背左下的“i”信息编辑按钮2s以上。注意在Live View时双键重设是无效的。

9 焦平面标记

这个标记是指示影像传感器的平面位置，用于计算与主体的距离，而镜头卡口的外边缘至此标记的距离则为46.5mm。

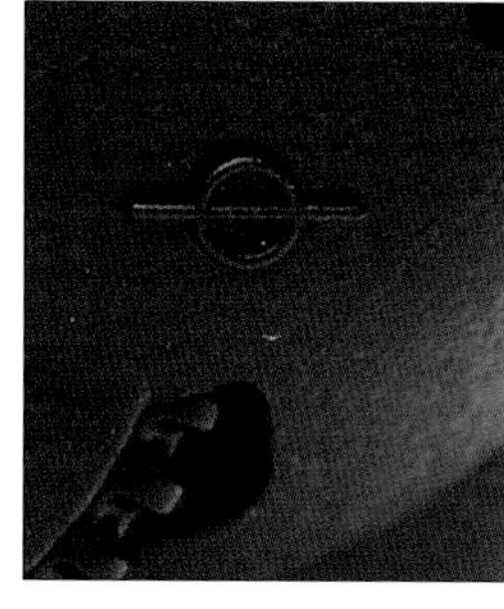

10 模式拨盘

或者称模式转盘，可以切换各种拍摄及曝光模式，除P、S、A和M外，基本上还有Auto（自动）、关闭闪光灯自动以及6种场景模式，而在SCENE一项中，还有更多场景模式供用户选择。

11 内置闪光灯

此内置闪光灯的输出量达GN 12(ISO 100、m、20℃)，可用于补光。相机的个人设定菜单项目中“e1：内置闪光灯闪光控制”可设定为TTL自动或M手动输出，手动则可在全光和1/32输出之间调整，用户也可以在5种闪光模式中挑选。而在某些场景模式及自动模式时，相机会在需要时自动弹起闪光灯拍摄。

12 配件热靴

这个位置多是用来插闪光灯的，而且设有电子闪点，配合Nikon的创意闪光系统（CLS）的配件及闪光灯使用，支持Nikon i-TTL的自动闪光灯，如SB-900、SB-800、SB-600和SB-400。使用时只要把起保护作用的配件热靴盖移开便可。不能只当它是“闪光灯热靴”的原因是它也可以作为GPS单元GP-1的热靴，故称之为配件热靴。

13 闪光模式/闪光补偿按钮

按着此按钮转动指令拨盘可切换到闪光模式，包括补充闪光、防红眼、慢同步+防红眼、慢同步、后帘+慢同步等，具体根据采用的曝光模式而定。而按着此按钮，同时又按着相机顶上的曝光补偿按钮，然后转动指令拨盘，则可以更改闪光灯的曝光补偿值。

14 固定相机背带的金属圈

相机带要穿到两边的金属圈中，建议用户购买后立即将新买的相机穿好相机背带，因为只用双手持握相机难免一时失手，万一将相机摔着就不好了。但是，记得在系上相机背带前先参考说明书的穿背带方法，错误地穿背带也同样危险。

15 麦克风

D5000除了能拍到1 280像素x720像素的高清影片外，还能进行录音，因此这种拍片功能相当受欢迎。麦克风设置在相机的前方，所以拍摄时记得不要遮挡它，也尽量不要触摸它，以免收录了不想要的声音。此外，相机也可能收录VR镜头组件运作的声响。

16 自拍/Fn功能按钮

可以说这是一个开关自拍模式的按钮，至于自拍的延时及拍摄张数的设定可以在个人设定菜单“c3:自拍”中设定。此按钮也可以由用户自己编入一种自拍以外的功能，作为快捷键之用。在个人设定菜单“f1：指定自拍/Fn 按钮”项目中，可以从8种功能中进行选择，如释放模式、影像品质/尺寸、白平衡、动态D-Lighting、+NEF (RAW)等。

17 接口盖

这个保护盖里包含3个连接功能线的接口，分别是配件端口、USB接口/音频/视频接口和HDMI mini-pin接口。

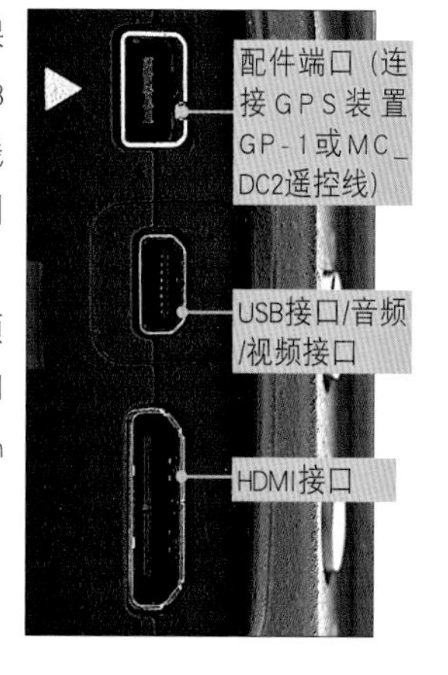

18 镜头安装标记

在安装适合的DX Nikkor镜头时，应该先用镜头尾端的白点对准这个白点，把镜头垂直插入后再转动镜身旋紧。

19 镜头释放按钮

在拆卸镜头时，需要按着这按钮，然后顺时针扭动镜头至松出来。安装镜头到位时也会听到此释放按钮连着的锁卡到镜头卡口的声音，以便用户确认镜头已装妥无误。

20 气流控制孔

D5000的防尘功能尤胜以往的入门级Nikon数码单反相机，因为在影像传感器前的Low-pass低通滤镜已有震动功能，把尘埃震落，而在反光镜前方还有这个气流控制系统设计(Airflow Control System)，这些气孔有助提升气流，把附着在低通滤镜上的灰尘带走，减少影像因尘埃积聚而出现黑点。

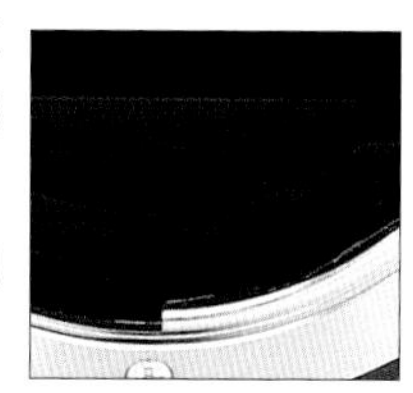

- 21 三脚架插孔
- 22 信息编辑 /双键重设按钮
- 23 放大播放按钮
- 24 缩略图/缩小播放/帮助按钮
- 25 MENU菜单按钮
- 26 播放按钮
- 27 显示屏
- 28 取景器接目镜
- 29 DK-24橡胶接目镜罩
- 30 屈光度调节控制器
- 31 AE-L/AF-L / 保护按钮
- 32 指令拨盘
- 33 Lv即时取景按钮
- 34 存储卡插槽盖
- 35 OK确定按钮
- 36 多重选择器
- 37 存储卡存取指示灯
- 38 扬声器
- 39 另购电源的电源接口盖
- 40 电池舱盖锁闩
- 41 电池舱盖

21 三脚架插孔

三脚架插孔就是将相身固定在三脚架上的接口，由于D5000机身背面的LCD屏是可以翻下来的，因此在选择三脚架的云台时不妨考虑到这一点，尽量挑选一些可以让LCD能作适度转动的款式。

22 信息编辑 / 双键重设按钮

在LCD出现相机信息显示时按下此按钮，可以令其中的相机设定选项高亮显示，然后通过多重选择器左右移动，便可以对选项进行随意更改，这是一种非常方便用户的设计。另外，也可以轻松地通过2.7英寸的LCD屏和独一无二的图像化界面对相机进行操作。

23 放大播放按钮

在播放影像时，按放大按钮可以在查看时放大影像，最多约可放大27倍（大尺寸影像），配合缩小按钮和多重选择器使用能灵活观看照片。而此按钮在菜单里还能作为其他功能设定的辅助按钮，比如作为命名时的输入键，又或者显示列表等，用户可在设定时留意画面的指示。

24 缩略图 /缩小播放 / 帮助按钮

这个按钮可以把LCD上的影像缩小至小图，甚至是日历格式的缩略图；也可将放大的影像进行相反的缩小操作。而它更重要的功能是在拍摄状态下，在处于不同菜单项目时，只要按着它，画面便会出现相关的功能或模式的说明，以引导用户在设定相机前有所了解，对入门用户熟悉相机的性能相当实用。

▲在所处的模式或功能下再按此帮助按钮，就可以看到相机的文字说明

25 MENU菜单按钮

这个按钮就是打开各个菜单的按钮，它在菜单中也作其他用途，包括“返回”功能等。

26 播放按钮

按此按钮便可播放存储卡里的影像，而当中的一些功能设定则可以在播放菜单中设定。

27 显示屏

这是Nikon单反相机中相当有突破的部分，因为这个2.7英寸LCD显示屏可以多角度转动使用，尤其方便进行Live View（即时取景）和拍摄，而它23万像素的显示品质也提供了100%的景物覆盖。不用时翻进背面，可以防止因不慎而刮花表面。配合相机使用时，当相机竖起来拍摄时，其信息显示的画面也会自动根据相机的方位而改变角度，以方便用户观看。

一触即拍
认识相机
拍摄体验
菜单分析
扩充性能
影像处理
附录

▲可作多角度扭动的LCD屏

28 取景器接目镜

用来作为光学的取景器，用户可以把眼睛放到这个位置直接取景拍摄，里面除了镜头影像外，还有取景框、对焦点，下方还会有LCD信息显示。用户需要留意，切勿使用光学取景器直对阳光或强烈光线，以保护眼睛。

29 DK-24橡胶接目镜罩

可使取景时更舒适，尤其对于戴眼镜的用户来说，其柔软的质地可以防止刮花眼镜的镜片。把DK-24摘下后，D5000可以加上不同屈光度的接目镜矫正片DK-20C：$-5m^{-1}$、$-4m^{-1}$、$-3m^{-1}$、$-2m^{-1}$、0、$+0.5m^{-1}$、$+1m^{-1}$、$+2m^{-1}$和$+3m^{-1}$，但建议当旁边的屈光度调节控制器$-1.7m^{-1}$～$+0.7\ m^{-1}$不能够满足取景时再另行购买。

30 屈光度调节控制器

为不同视力的用户提供可调节的弹性空间，这样能获得最佳的取景舒适度。

31 AE-L/AF-L / 保护按钮

可以按需要在个人设定菜单项目“f2：设定 AE-L/AF-L 按钮”中指定此按钮的功能，包括对焦锁和曝光锁等。此外，在播放影像时按下此键，便会对该影像进行保护，避免将影像错误删除，并可以同时对多张照片进行保护。若想取消所有的照片保护，可同时按此按钮及删除按钮2s以上。

32 指令拨盘

方便快速转换相机的设定，如曝光补偿、光圈值、快门值、闪光模式等，可与其他按钮配合使用。

33 Lv即时取景按钮

按此按钮后相机会自动把反光镜升起，并打开快门帘幕进行Live View即时取景。此状态下D5000可以进行实时的取景和拍摄，也可进行短片拍摄。再按一下Lv键，相机的反光镜便会回落，恢复一般的拍摄模式。

34 存储卡插槽盖

打开此盖可插入存储影像用的SD/SDHC卡。需要注意的是，即使是刚拍摄完毕，也要确认存取指示灯已熄，切勿心急打开盖子，否则会影响影像保存，损失重要的照片或影片。

▲D5000可使用SD/SDHC 存储卡

35 OK确定按钮

这个按钮多数情况下是在确认设定或进入功能时使用，在Live View时它就是影片拍摄启动按钮。

36 多重选择器

在操作相机的各种功能或菜单的调选时，会经常用到此选择器，它包括上、下、左、右4个方向键。

37 存储卡存取指示灯

此灯闪烁时是提示用户存储卡正有数据在存取，切勿打开插槽盖；在USB连线传输时，也会提示用户数据在存取。

38 扬声器

用来发出提示及播放影片的声音。

39 另购电源的电源接口盖

D5000可外加电源连接器 EP-5，配合AC变压器EH-5a使用，提供连续的电源。

◀电源连接器 EP-5

40 电池舱盖锁闩

锁上或解开电池舱盖之用。

41 电池舱盖

其内可放入一块EN-EL9a锂离子充电池。

取景器

1 电池电量指示
2 “无存储卡时锁定快门”指示
3 中央重点测光的参考直径圈
4 取景网格(在个人设定d2中开启)
5 对焦点
6 对焦指示
7 自动曝光（AE）锁定指示
8 柔性程序指示
9 快门速度
10 光圈（f值）
11 曝光指示/曝光补偿显示
12 电池电量指示
13 闪光补偿指示
14 包围指示
15 曝光补偿指示
16 自动ISO（感光度）指示
17 剩余可拍摄张数/内存缓冲区被占满之前的剩余可拍摄张数/白平衡记录指示/曝光补偿值/闪光补偿值/拍摄模式指示/ISO（感光度）
18 “K”（当剩余存储空间足够拍摄 1 000 张以上时出现）
19 闪光预备指示灯
20 警告指示

机背LCD屏信息显示画面

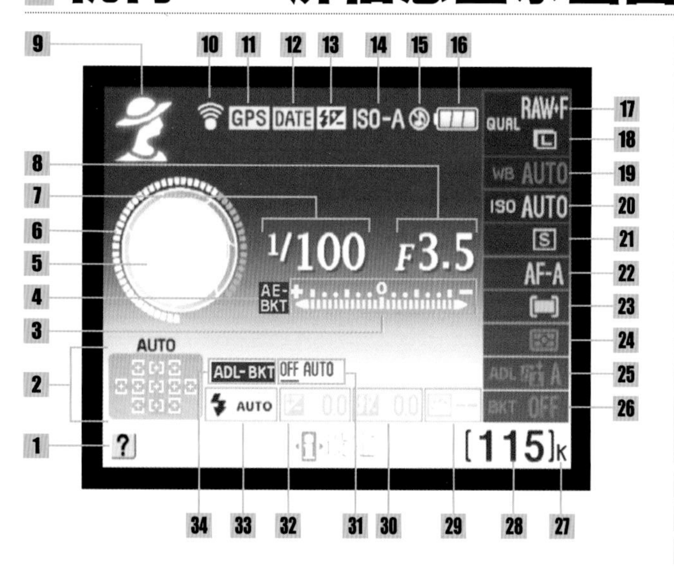

1 帮助指示
2 自动区域 AF 指示/3D跟踪指示/对焦点
3 曝光指示/曝光补偿指示/包围进程指示
4 曝光/ 白平衡包围指示
5 光圈显示
6 快门速度显示
7 快门速度
8 光圈（f值）
9 拍摄模式：自动/自动(闪光灯关闭)/场景模式/P、S、A及M模式
10 Eye-Fi 连接指示
11 GPS 连接指示
12 日期打印指示
13 手动闪光指示/另购闪光灯组件的闪光补偿指示
14 自动ISO（感光度）指示
15 “蜂鸣音”指示
16 电池电量指示
17 影像品质
18 影像尺寸
19 白平衡
20 ISO（感光度）
21 快门释放模式
22 对焦模式
23 AF 区域模式
24 测光模式
25 动态 D-Lighting
26 包围增量
27 “K”（当剩余存储空间足够拍摄 1 000 张以上时出现）
28 剩余可拍摄张数/拍摄模式指示
29 优化校准
30 闪光补偿
31 动态 D-Lighting 包围
32 曝光补偿
33 闪光模式
34 动态 D-Lighting 包围指示

▲信息显示会根据机身的方向自动更改显示方向

解读警告指示

TIPS

当相机设定有误，或者设定令拍摄不成功时，相机的LCD左下方或取景器里的“？”会闪动，提示用户可能拍摄存在问题。当此警告指示出现时，按机身背面的缩略图/缩小播放/帮助按钮，便可阅读到相关的问题，参考相关建议解决问题，继续进行拍摄。

影像画质重现

"D5000的影像输出足够放大至A3+，究竟有多清晰呢？画质又有多好呢？下面就为大家分析！"

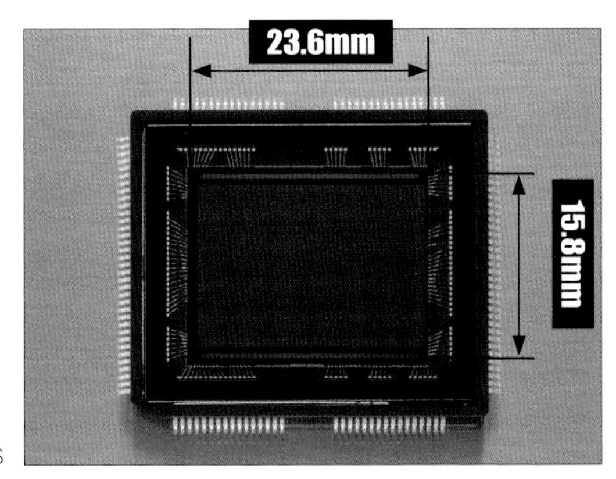

▶D5000的CMOS

▲D5000采用1 230万有效像素的APS-C画幅CMOS，所以镜头焦距需要乘以1.5才相当于135画幅的焦距值

足够有余的1 230万像素

D5000采用了一个23.6mm×15.8mm的CMOS影像传感器，它的总像素达1 290万，而有效像素达1 230万，实际可拍摄的影像为4 288像素×2 848像素。若以喷墨打印机大约180dpi的打印解像输出，这足以打印13×16（英寸）的大照片，A2的尺寸已经非常足够了，所以用户不用担心其解像力不够；若只是放晒一般8R照片，绝对绰绰有余；如果仅用于网上分享，甚至可以作大幅度的裁切，真要认真创作的话，D5000绝不成问题。

分辨率测试

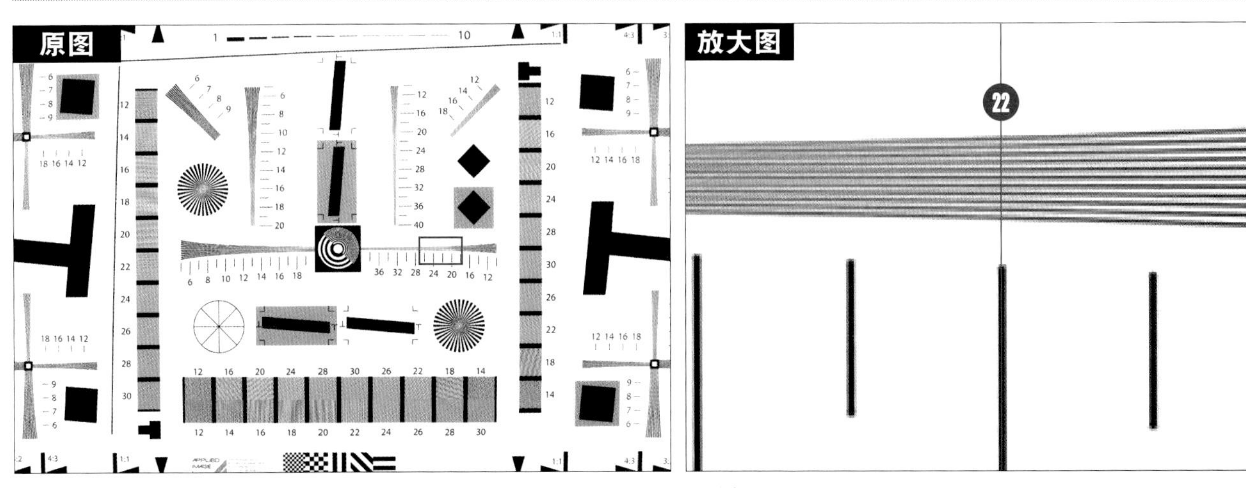

▲镜头：AF-S DX Nikkor 18-55mm f/3.5-5.6G VR，焦距：18mm，光圈：f/5.6，快门：1/25s，感光度：ISO 250，格式：RAW(NEF)

▲测试结果：约2 200LW/PH
测试评论：即使配合Kit镜，D5000在其最佳光圈时也会有极佳的解像力，影像清晰细腻

可选分辨率

理论上，用户应该尽量用D5000的最高分辨率，没理由选择较小的分辨率来拍摄，宁可之后在相机的润饰菜单中再作裁切，或下载至电脑后进行裁切和缩小，以免将来后悔不能输出成大照片。此外，最好使用RAW+JPEG的影像品质，而JPEG则最好使用FINE（精细）模式，确保影像是最佳品质。如今的存储卡已经非常先进了，省去了不少不必要的部分，但在影像品质方面却大有提高，大家应追求最佳的质量。

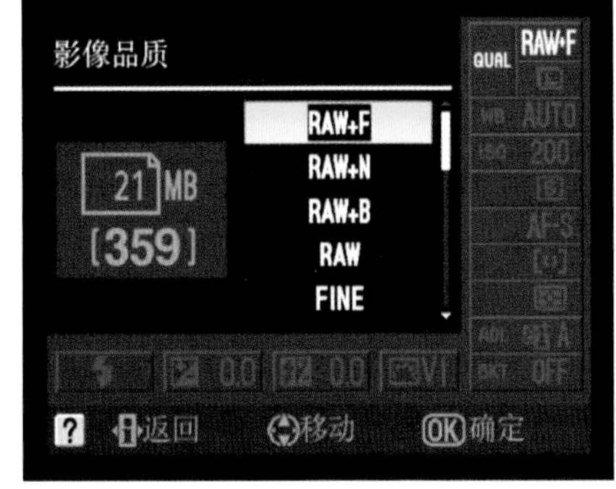

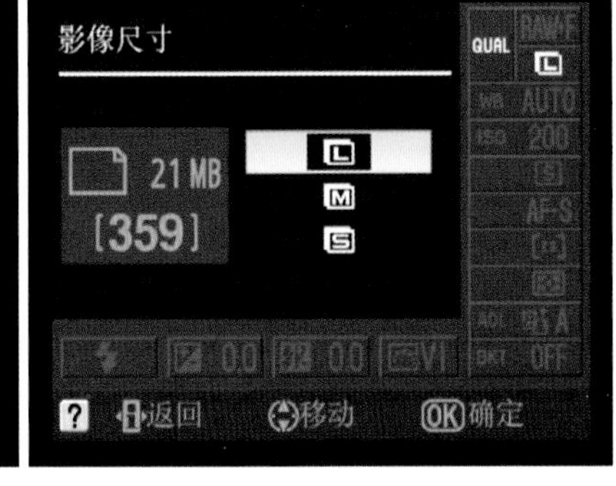

重现最佳色彩层次

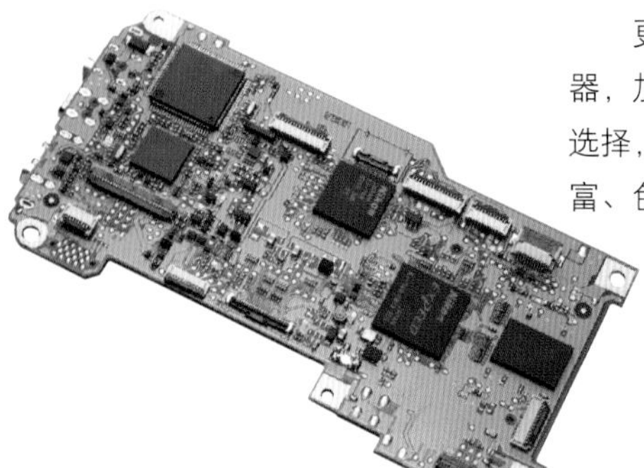

更新更强的影像处理器，加上多元化色彩控制选择，令影像的层次更丰富、色彩更传神动人！

◀D5000采用Nikon快速的EXPEED影像处理系统，提升影像的色彩和层次表现

色彩管理的选择

D5000的色彩控制系统相当全面，先不说各种可以令影像获得不同色彩效果的“优化校准”功能，单是最初步的色彩色域选择已是非常全面，它可以在拍摄菜单的“色彩空间”一项中调选。所谓色彩空间，其实是指照片中可容纳的色彩范围，建议用户使用Adobe RGB，因为它的色彩范围较大，换言之，后期处理时色彩的变化会较大。至于sRGB则基本已足够，不适合后期作太多的润饰，适合作网上分享或一般快速冲印之用。

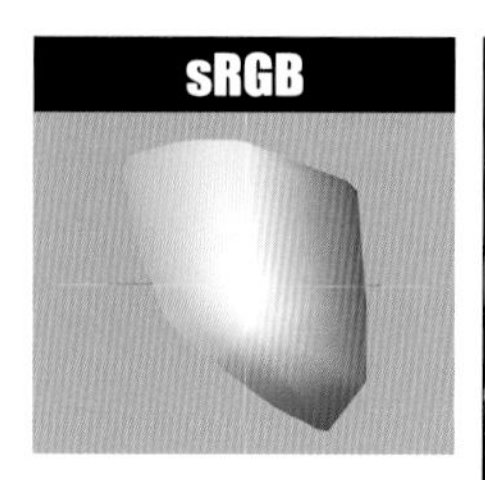

▲色彩看上去比较鲜艳，但色彩的层次变化不及Adobe RGB细致

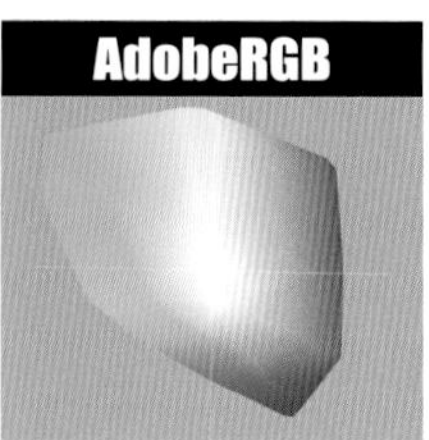

▲色彩看似淡一点，但有更广的色域供摄影师修改

Adobe RGB有利于色彩管理

当照片采用Adobe RGB作为色域后，照片本身已含有ICC Profile，即一种通用的色彩描述文档，配合相关的软件，如Capture NX或 Adobe 的Photoshop软件，嵌入的ICC信息会被辨认出来，然后配合相应的色彩系统，把颜色准确地重现。因此，使用Adobe RGB色彩空间是百利而无一害的。现今很多LCD显示屏和打印机都已有对应Adobe RGB的功能，这无疑可以令用户拍摄的照片色彩由拍摄到输出都能有更一致的表现。

白平衡

D5000有良好的色彩管理基础以方便用户，但用户若想获得准确的色彩，就一定要在拍摄前期做足“功夫”。虽然D5000有许多预设的白平衡，但要更准、更好地拍摄还是需要手动调节白平衡。只要在所处的光源下用相机拍摄白纸或专用的白卡和灰卡，便可即时自动调节到相机的白平衡设定，拍摄到与标准日光色温一样的自然颜色效果。这种拍摄技巧对于一些专业摄影师来说尤为重要，其实对于业余爱好者也一样。当你想与朋友分享一些实物的影像时，比如在网上拍卖一些物品若没有把握正确的色彩，便会出现争议。

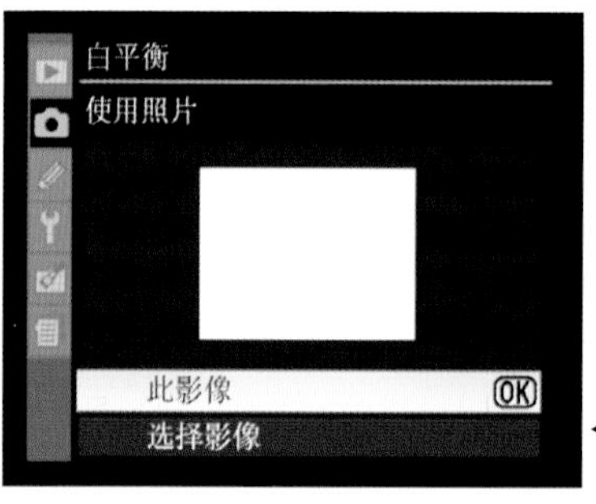

◀D5000可使用已拍摄的照片进行手动白平衡的设定

▲也可以即时拍摄白色物件来读取现场光源的白平衡

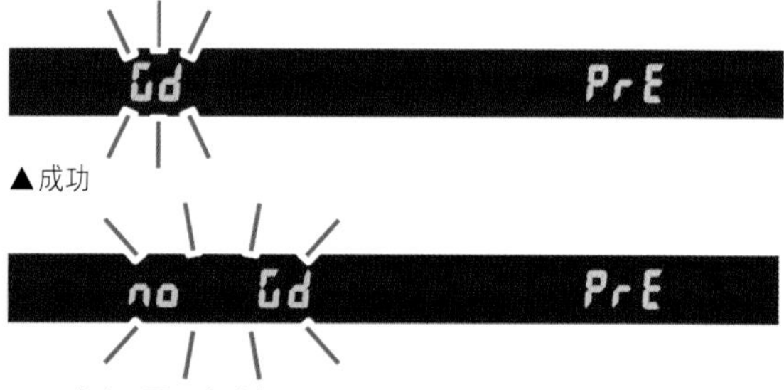

▲成功

▲不成功，要再次进行

RAW文件可后期更正白平衡

RAW(NEF)文档可以在拍摄后利用软件，如Capture NX2将白平衡更改，所以若不想拍摄后不能逆转影像效果，不妨使用RAW格式，就当是买了一份保险。

一触即拍　认识相机　拍摄体验　菜单分析　扩充性能　影像处理　附录

D-Lighting功能

“不用再受制于照片的明暗层次范围不够。何不试试用D-Lighting功能把影像里的细节释放出来?”

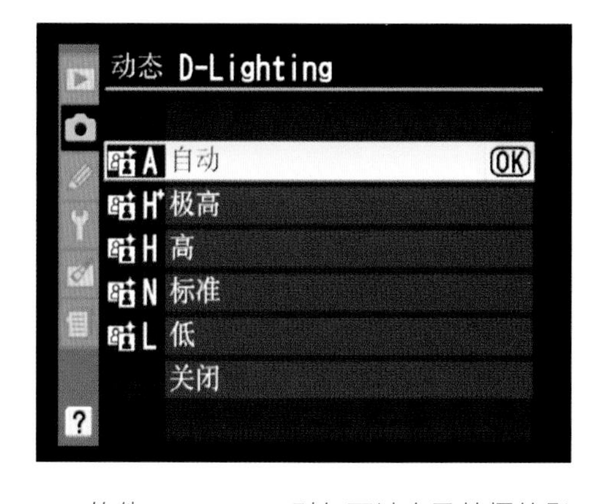

在数码摄影普及初期，曾流行一种说法，胶片的宽容度比数码相机的影像传感器大，所以数码相机拍摄的影像会逊色于胶片。但其实懂得影像处理的摄影师早就清楚，影像本身的层次多寡绝不仅仅关乎于用胶片还是数码，还要看重现影像的方法，即使是胶片，也一样讲求放晒技巧，否则也没有像安塞尔·亚当斯那种Zone System的出现。所以今日的数码相机也一样，我们需要技术去把可能因为明暗对比而隐藏着的影像细节释放出来，而Nikon就特别为D5000加入了动态D-Lighting功能，为摄影师解决了很多因为曝光困难导致影像反差过高的难题。

自动保留相片暗部细节

细心留意，相机上的拍摄菜单有一项“动态D-Lighting”，如果用户是拍摄RAW(NEF)格式的影像，最好是选择开启它或者选择自动。只要开启此项功能，后期处理时还是可以作设定，甚至可以选择关闭。虽然像Nikon的Capture NX 2软件也可以作D-Lighting的处理，但是与动态功能还是有分别的。动态功能可以在拍摄前调整曝光，把影像的动态范围最佳化，如果使用相机润饰菜单或是后期软件，D-Lighting则仅可以在已拍摄的影像中作变化。

如果用户只采用JPEG格式的影像，就更加需要在拍摄前设定好，同时要选择一个合适的D-Lighting效果，若太强，会令照片反差变得太弱，反而会有反效果。除了可以在拍摄菜单中进行动态D-Lighting设置外，还可以在信息显示时按“I”按钮进入“动态D-Lighting”项目进行设置。在这里提醒大家，若想得到较佳的自动D-Lighting效果，就应尽量使用相机的矩阵测光模式。

动态D-Lighting共有6个选择

▲动态 D-Lighting效果

从测试可见，像这样逆光高反差的照片，经过动态D-Lighting处理后，的确可以令拍摄的影像细节显现出不同的效果。不过要提醒大家，当使用高ISO拍摄时，若把暗部通过D-Lighting加光，会明显产生较多的噪点。

OFF关闭

自动

L低

N标准

H高

H+极高

多样化除噪点

“善用不同的NR除噪点功能，无论是长时间曝光还是在低光环境拍摄，大家都能拍摄出噪点较少的照片！”

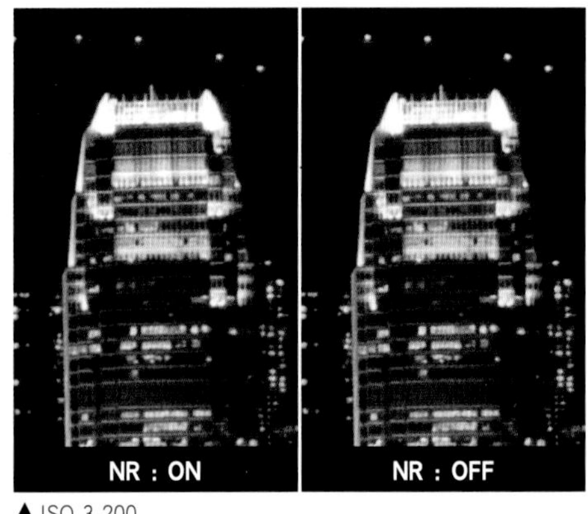

▲ISO 3 200

D5000的ISO设定

◀在ISO感光度设定中，用户可以选择“ISO感光度自动控制”，并设置相机的最大感光度及最小快门速度

D5000拥有广阔的感光度范围，ISO 200～ISO 3 200的感光度，经扩展后还能达到最小ISO 100及最大ISO 6 400，足以满足用户在不同的明暗环境下拍摄。而在自动及场景模式下，用户可以选用自动ISO设定，让相机根据现场环境自行调节感光度。若在P、S、A或M模式时，用户也可以使用自动ISO功能，不过要同时为相机设定ISO上限及最慢的快门速度，详情可参阅拍摄菜单的设定部分。

D5000的噪点趋势测试

从测试中的夜景照片可见D5000的噪点趋势，当感光度达到ISO 800时，照片的噪点开始明显增加。

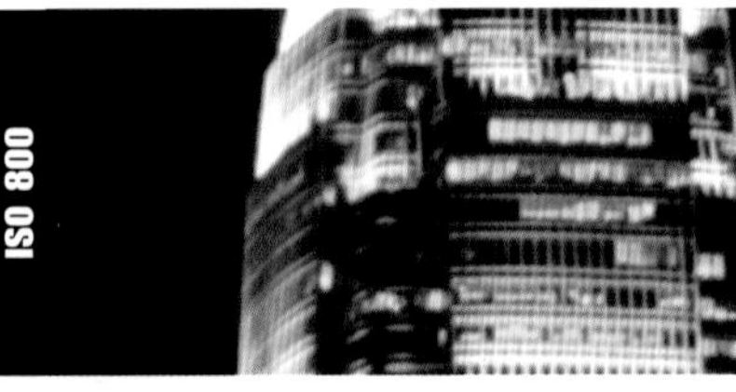

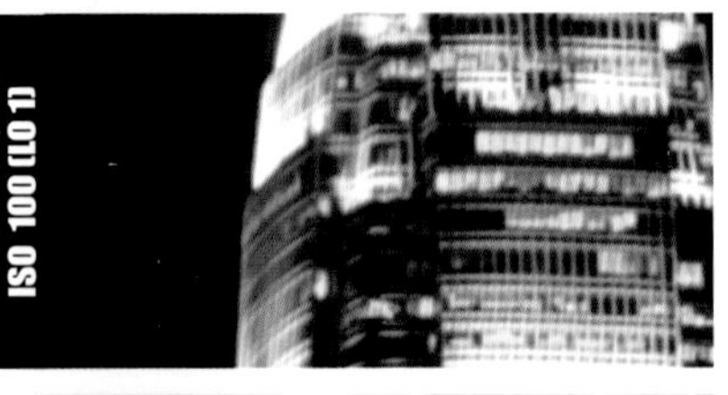

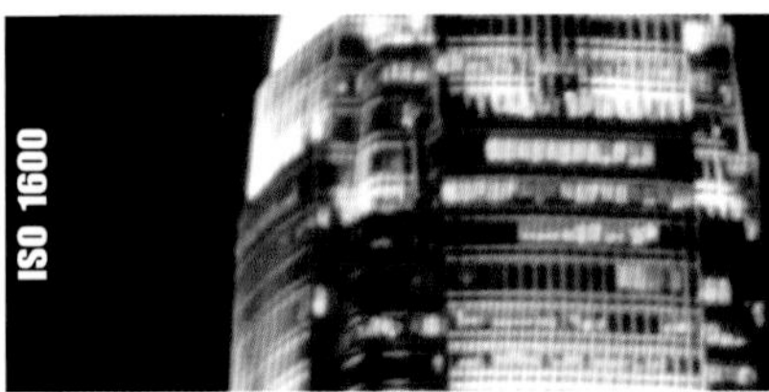

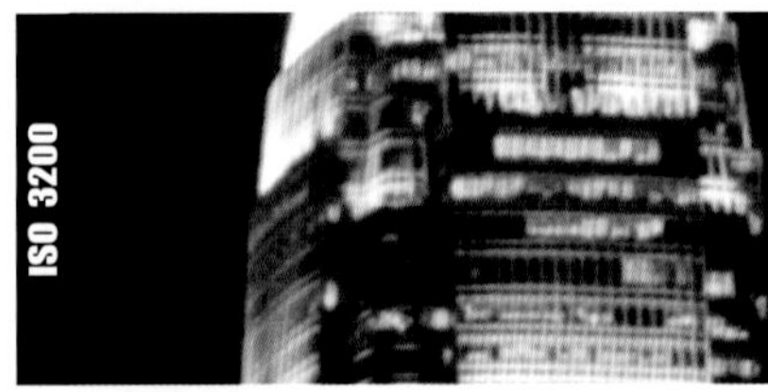

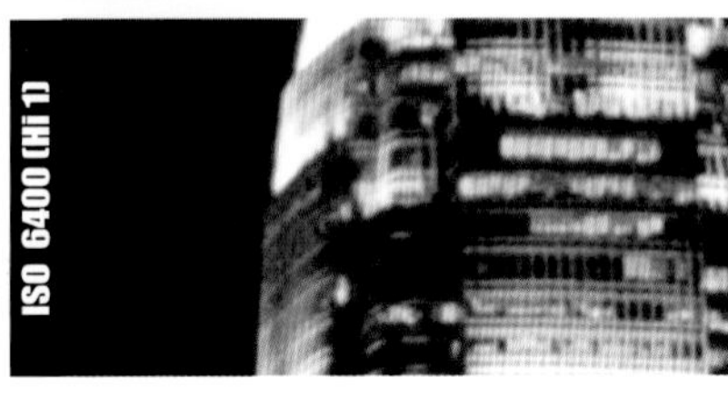

高ISO及长时间曝光除噪点功能

为解决相机在高感光度及长时间曝光时所产生的画面噪点，D5000为用户提供了两种除噪点功能，分别为“高ISO噪点消减”及“长时间曝光噪点消减”功能。“高ISO噪点消减”功能可以在用户使用高ISO拍摄照片时减少画面中的噪点；而“长时间曝光噪点消减”功能则能消除画面中的“热点”（Hot-Pixels），保证照片画质细致，让用户在低光环境下拍摄时能更有把握。

▶从拍摄菜单中，可选择不同的高ISO噪点消减量

TIPS

当使用“高ISO噪点消减”及“长时间曝光噪点消减”功能时，D5000因要在拍摄后处理噪点而令相机的连拍能力大打折扣，对此用户需要留意，从中作出取舍。

一触即拍 认识相机 拍摄体验 菜单分析 扩充性能 影像处理 附录

虽然D5000位列于入门机型，但其NR除噪点功能并没有因此而被其他高级机型比下去，就以高ISO噪点消减功能为例，D5000与D90一样，共有4种高ISO噪点消减功能设定，分别为关闭、LOW（低）、NORM（标准）、HIGH（高），用户可以从中选择合适的噪点减少量，配合不同拍摄环境的需要，具有很大的弹性。不妨好好运用这个功能，拍摄出画面清晰的高品质影像。

▲用户可选用共4种高ISO噪点消减量

选项	说明
HIGH高 NORM标准 LOW低	在ISO 800或更高的感光度下，相机会启动噪点减少功能。在为照片除噪点的过程中，存储卡的缓冲区容量会减少，大家可以根据需要选择合适的噪点减少量
关闭	仅在Hi 0.3或以上的感光度时减少噪点，而照片的噪点消减量会比在相机使用“高ISO噪点消减”设定为“低”时少

D5000高ISO除噪点测试

原片

	高ISO NR设定：关闭	高ISO NR设定：LOW	高ISO NR设定：NORM	高ISO NR设定：HIGH
ISO 100（LO 1）	▲平均噪点：约0.56%（优良）	▲平均噪点：约0.51%（优良）	▲平均噪点：约0.51%（优良）	▲平均噪点：约0.52%（优良）
ISO 200	▲平均噪点：约0.74%（优良）	▲平均噪点：约0.66%（优良）	▲平均噪点：约0.65%（优良）	▲平均噪点：约0.66%（优良）
ISO 400	▲平均噪点：约0.97%（优良）	▲平均噪点：约0.84%（优良）	▲平均噪点：约0.85%（优良）	▲平均噪点：约0.84%（优良）
ISO 800	▲平均噪点：约1.30%（良好）	▲平均噪点：约1.06%（良好）	▲平均噪点：约1.02%（良好）	▲平均噪点：约0.65%（优良）
ISO 1600	▲平均噪点：约1.84%（良好）	▲平均噪点：约1.54%（良好）	▲平均噪点：约1.07%（良好）	▲平均噪点：约0.74%（优良）
ISO 3200	▲平均噪点：约2.53%（良好）	▲平均噪点：约1.72%（良好）	▲平均噪点：约1.24%（良好）	▲平均噪点：约0.85%（优良）
ISO 6400（Hi 1）	▲平均噪点：约3.11%（可察）	▲平均噪点：约2.76%（一般）	▲平均噪点：约1.97%（良好）	▲平均噪点：约1.42%（良好）

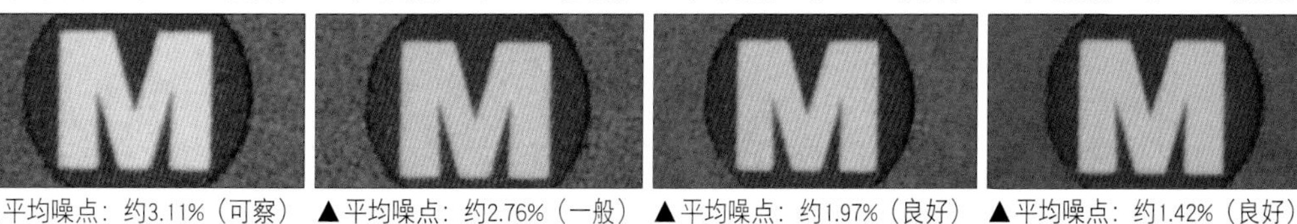

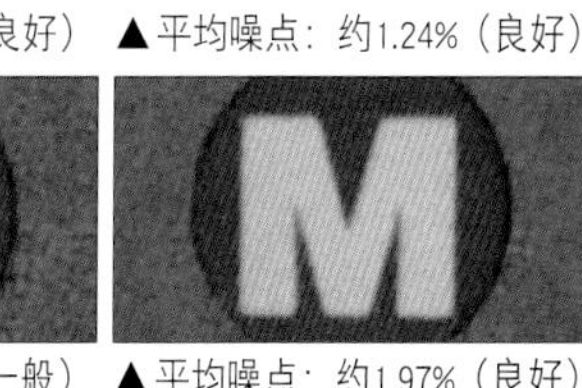

结果分析

从测试结果可见，当感光度在ISO 800以下时，各级的除噪点表现十分相近，画面的噪点表现都十分不俗。而从ISO 800开始，各级的除噪点功能就开始有明显区分。当在ISO 6 400时，没有开启除噪点功能的话，画面的噪点已经明显；但当使用NORM及HIGH的高ISO噪点消减功能后，画面的噪点仍能处于良好状态。

长时间曝光噪点消减

当大家D5000进行长时间曝光时，画面会出现一些红色的噪点，在任何一挡ISO设定下均会存在。当开启长时间曝光噪点消减功能之后，红色噪点便会消除。要留意的是，长时间曝光NR只会在快门速度低于8s的时候才会启动，而处理噪点的时间与当前的快门速度相当，期间，取景器会出现闪烁的“Job nr”字样，而且无法拍摄照片。因此，长时间曝光噪点消减功能会降低相机的连拍能力，建议根据环境需要来决定是否开启除噪点功能。

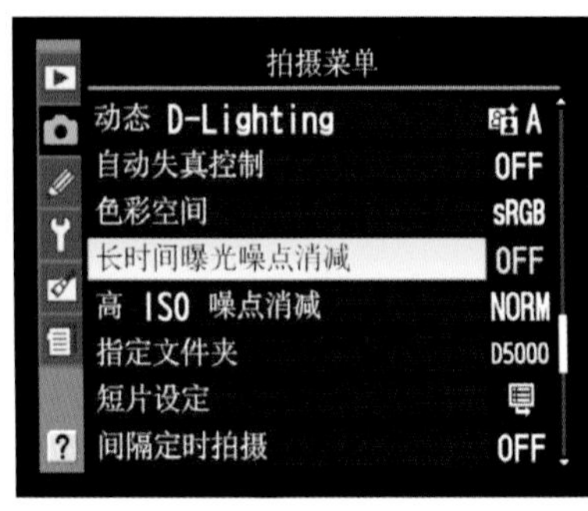

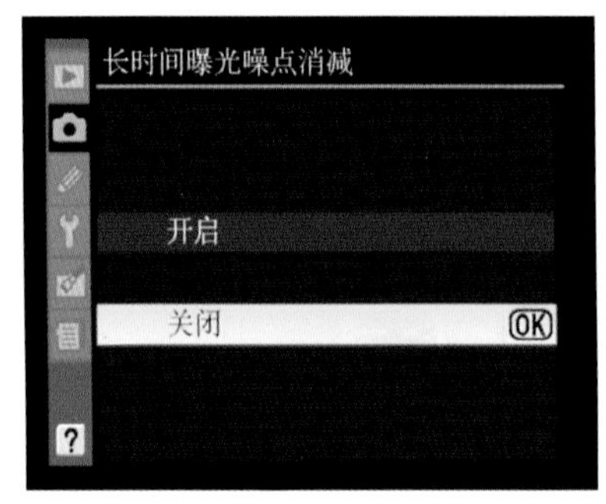

▲在拍摄菜单中，可设定“长时间曝光噪点消减”的开关

▲在处理噪点的过程中，取景器会出现闪烁的“Job nr”字样，此时相机无法拍摄照片

▲光圈：f/13，快门：10s，感光度：ISO 3200，镜头焦距：28mm（相当于135画幅的42mm）

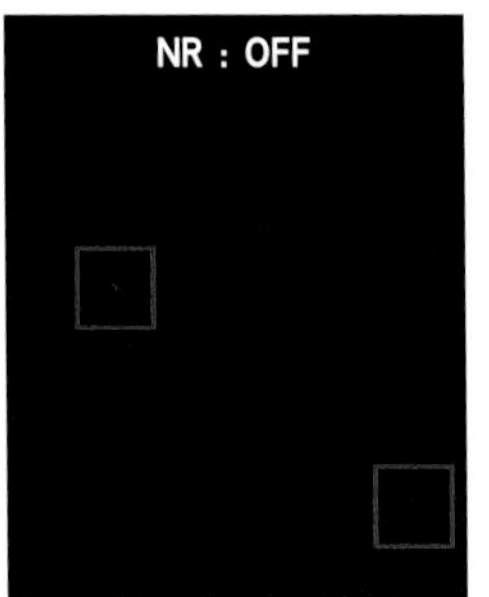

▲在长时间曝光时，画面会出现一些红色噪点

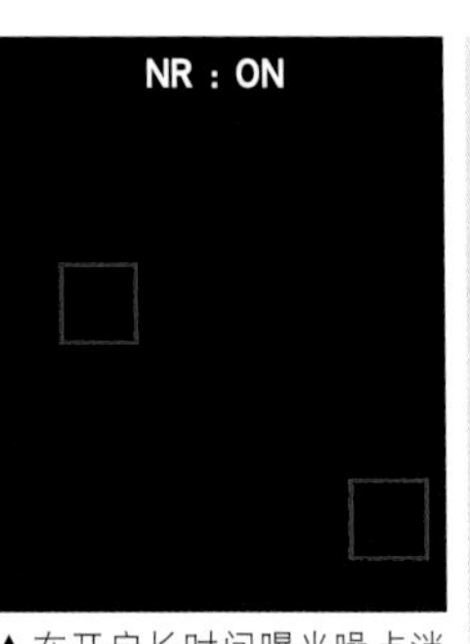

▲在开启长时间曝光噪点消减功能后，红色噪点就消失了

所有NR全开有用吗？

TIPS

若将相机的高ISO噪点消减功能及长时间曝光噪点消减功能一同开启，照片是否能达到最佳的除噪点效果？经过测试后发现，高ISO噪点消减功能在ISO 800或以上时才会有明显的效果，建议当用到ISO 800或以上感光度时开启高ISO噪点消减功能。如若要使用低ISO作长时间曝光拍摄，又发现画面出现红色噪点的话，便可选择启用长时间曝光消减噪点功能。

▲光圈：f/8，快门：4s，感光度：ISO 200

▲拍摄夜景作品时最好开启“长时间曝光噪点消减”，相机会用相同的时间记录下参考影像，找出产生的“热点”(Hot Pixels)，然后消除它们

处理镜头失真

“每支镜头都会有一定的影像失真问题，利用自动失真控制功能，能修正失真而使影像质量更高！”

广角的桶形失真

选用镜头时，一般会先考虑焦距，然而不同焦距的镜头会有不同的像差，其中一种就是影像的失真。一般来讲，广角镜头会产生桶形失真，广角度越大，失真的情况就越明显。其失真特征是像一个球面，四边的线条会向外弯曲，大家看看鱼眼镜头就知道，那正是一种没有修正过光学像差的超广角镜头。

远摄的枕形失真

相反地，如是远摄镜头就会有与广角镜头相反的枕形失真情况，因为拍摄线条时会向内弯曲，就好像一个被压下去的睡枕一样，故得名。这种枕形失真一般会明显出现在200mm或以上焦距的镜头上，但与广角镜头的桶形失真相比，影像的失真大多只是非常轻微的，除非镜头的品质真的十分差，所以枕形失真修正的需要远比广角的桶形失真小。

根据镜头进行修正

根据这些焦距镜头的失真特性，D5000加入了“自动失真控制”功能，用户只需在拍摄菜单中的“自动失真控制”项目中选择“开启”，相机每次拍摄时就会即时进行修正。由于照片会根据变形的程度得到修正，因此部分变形较严重的照片会被裁切。当此功能开启后，拍摄时基本不会察觉到有太大变化，然而把照片输出后进行对比，就会发现明显的变化。要注意的是，此功能仅适用于Nikon旗下的G型和D型镜头，那些PC移轴镜头、鱼眼镜头等则不适用。另外，若开启此功能，在连拍模式下会影响连拍数量。

“自动失真控制”修正效果

镜头：AF-S DX Nikkor 18-55mm f/3.5-5.6G ED VR

关闭

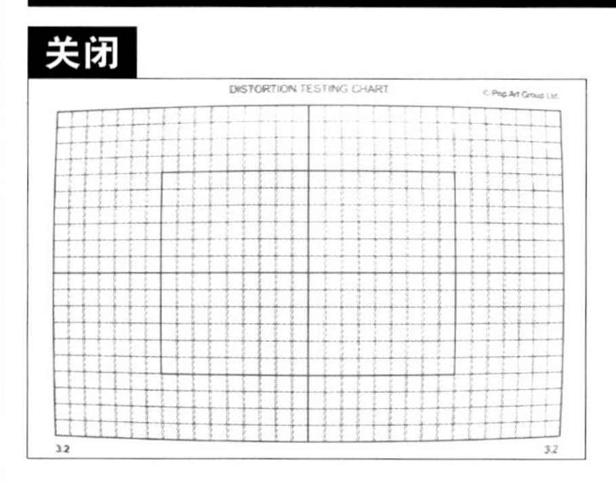

开启

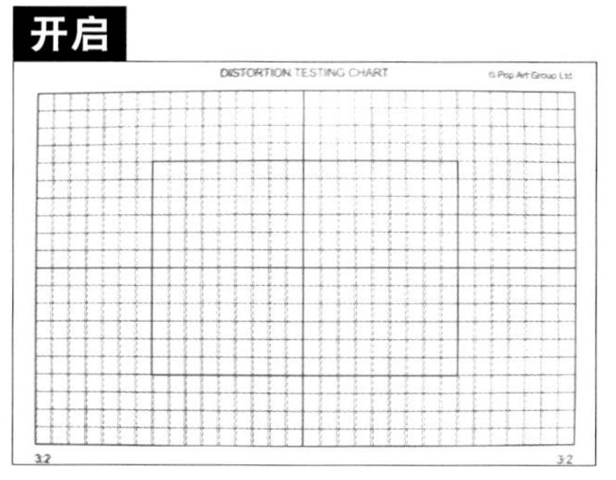

TIPS 在润饰菜单中手动调节

若觉得相机的自动修正还不能满足需要，那可以使用D5000润饰菜单中的“失真控制”，以手动的方式为桶形或枕形失真作出修正，并会另存为一个新的影像文件，而原片不会受到影响。若用户拍摄的为RAW(NEF)格式文件，则可以考虑在使用Capture NX 2时再进行变形的修正。

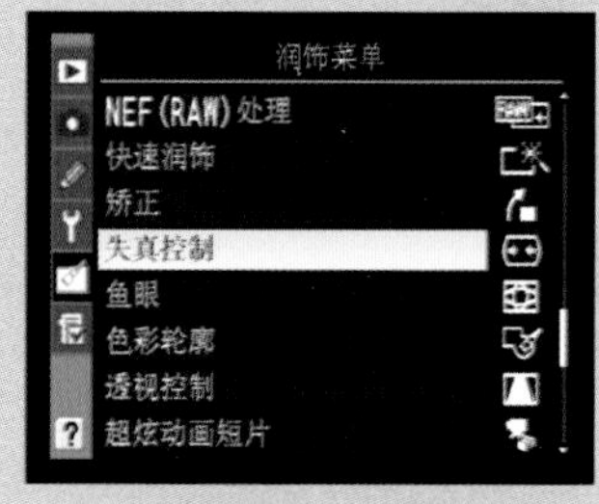

▲如果觉得自动修正不够，用户可以在润饰菜单中手动调整

照片校准优化影像

“通过‘照片校准’系统，用户可以为影像设定独特风格，拍摄出别具一格的作品！”

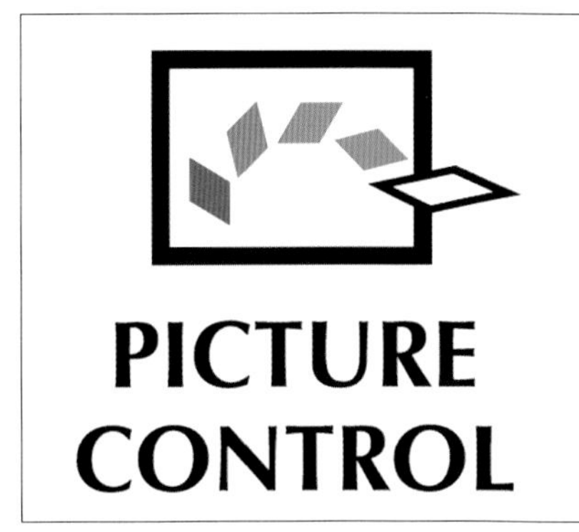

影像效果个性化

D5000是可以对影像作多种变化拍摄的数码单反相机，尤其是它采用的Nikon“优化校准”系统，可以直接在相机或通过软件(Capture NX2)，以RAW影像格式设定新的设计再载入相机中，除了相机内置的6种“优化校准”模式外，还可以增添更多的创意。而事实上，D5000已经可以自由地通过优化校准对影像的锐利度、对比度、亮度、饱和度和色调作出调控，不同的组合能产生不同的效果，可以得到个性化的风格，下面就为大家逐一示范。

选择“优化校准”

要更改和调节“优化校准”的各种设定，除了可以在拍摄菜单中选择外，还可以直接在信息显示画面中调选。而在D5000中，用户更可在调节后将当前设置存储为一个新的“优化校准”模式，用于以后的拍摄，甚至能另存到存储卡，与其他人分享。

▲按info按钮后，再按i按钮，就可在其中选择各种优化校准模式

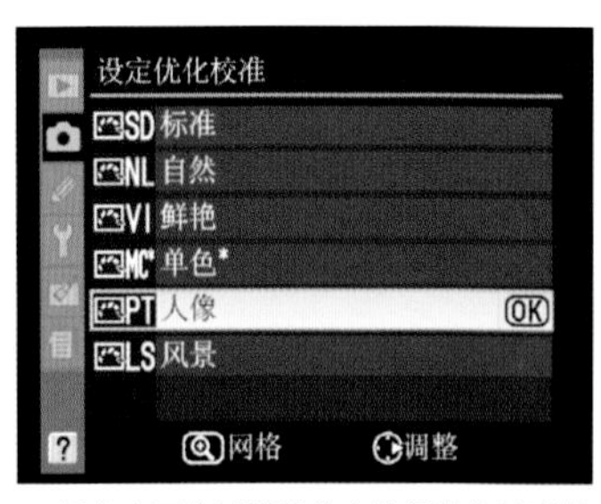

▲用户也可在拍摄菜单中选择优化校准模式，并在其中做进一步的调节

“优化校准”可在电脑中进行

每一个预设的“优化校准”设定都可以作多种画面效果的调整，而作出这些改动后，用户可以将其存储为一个新的“优化校准”模式。而D5000为用户准备的自行保存的“优化校准”位置多达9个，这些自由设定的组合不但可以随时启动使用，甚至还可以改名，并转存到存储卡中，然后放到另一部具备“优化校准”功能的Nikon相机上使用。正因为这种“优化校准”系统能兼顾相机拍摄和软件设定的标准，所以使用弹性相当大，甚至可以通过Nikon的Capture NX 2软件在修饰RAW文件时，将那些修正照片的设定记录下来，或通过其中的“Picture Control Utility”来修正设定，并进行存储或载入等管理。

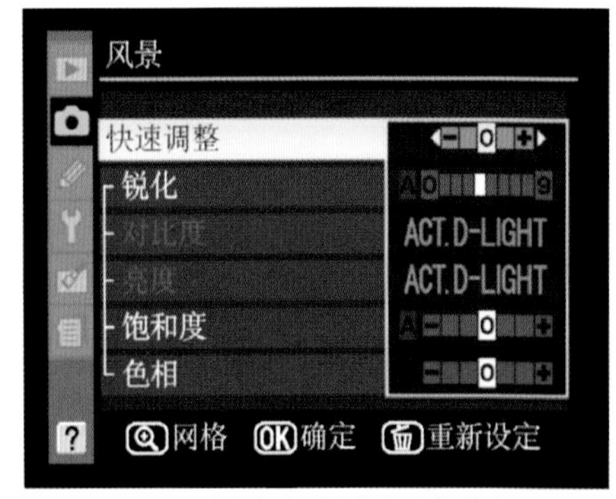

▲在D5000上可以为每个“优化校准”作出调节

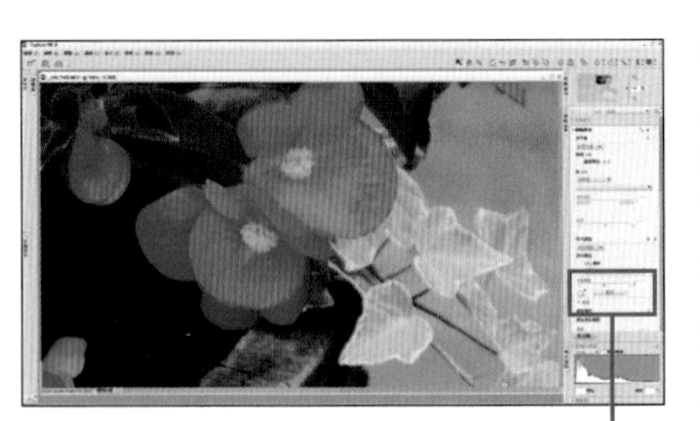

▲在另购的Capture NX 2软件中的Picture Control Utility，可对曲线作出调整，产生不同的“优化校准”，并可置入相机中使用

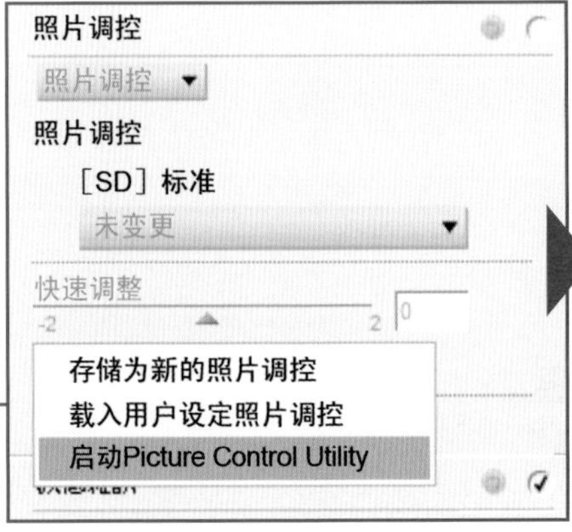

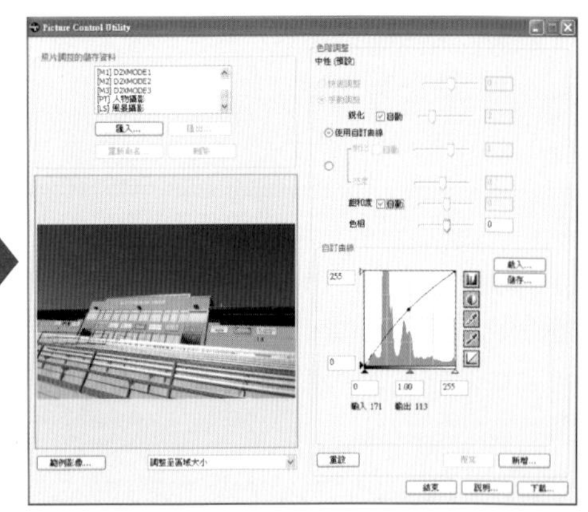

机内6种“优化校准”

最基本的“优化校准”

D5000内前两个“优化校准”设定其实都是相同基础的标准，第一个SD(标准)是所有调整设定置于最中间的位置，所以色彩和反差也是最适中的；第二个是NL(自然)，设定都是最低的，所以也是最平淡的效果。

1 自然的反差和色彩

2 饱和度和对比度都是最低

3 VI鲜艳——色彩饱和度更强

色彩饱和度较高，反差稍强，适合拍摄花卉或表现色彩的主体。

4 MC单色——制作黑白摄影效果

除变成单色之外，也可采用黄、绿、橙、红4种模拟黑白滤镜，而且可加上不同色调。

▲黄色淡化，但整体反差适中

▲反差会变得稍高，黄色更淡

▲红色变得更淡

▲绿色只稍微变淡，原本较鲜艳的颜色变深

留意相机的电子模拟滤镜与真实的光学滤镜是有别的。

各种色调

▲在MC单色时可加不同的色调

5 PT人像

专为人像拍摄而设计，色彩较自然，重现嫩滑润泽的肤质。

SD标准

PT人像

快速调整 TIPS

在“优化校准”的SD（标准）、VI（鲜艳）、PT（人像）和LS（风景）中可以使用“快速调整”功能，在拍摄菜单“设定优化校准”里选定模式后，再按右键进入“调整”，第一个项目就是“快速调整”。用户可以在-2～+2范围内选择不同的调整程度，每次设定都会整体改变“优化校准”的选项，包括锐化、对比度、亮度、饱和度以及色相，菜单上也会同步显示各项目的变化程度。

6 LS风景

色彩饱和度和反差较高，锐利度提升了一级，影像更鲜明，适合风景拍摄。

SD标准

LS风景

“优化校准”的5种主要调整

1 锐化

可以调整照片的锐利和清晰程度，0是没有效果，9是锐利化最多，A则是自动设定，会按照场景的类型调整锐利化的程度，建议不宜调得太高，也不要太低，以“优化校准”SD时的效果最合适。当然，当镜头的锐利度不足，或要强调主体细节，如具质感的表面时，可以加强锐化。

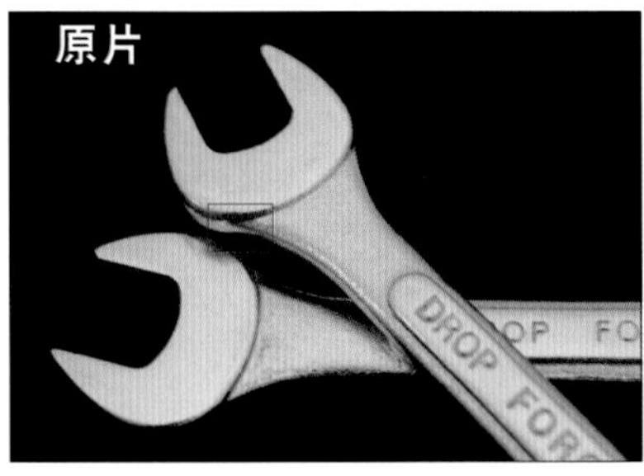
原片

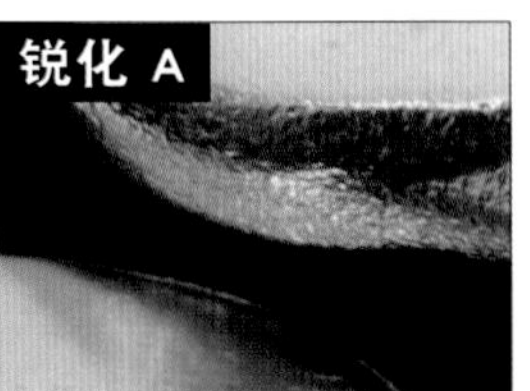
锐化 A

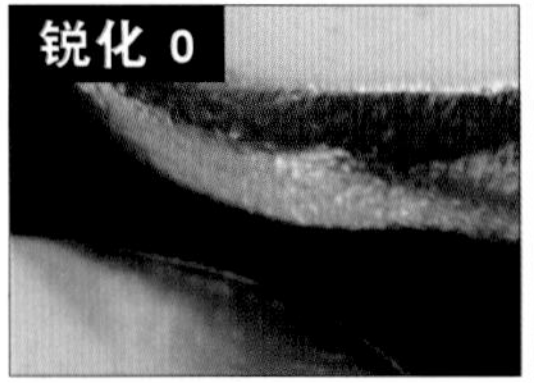
锐化 0

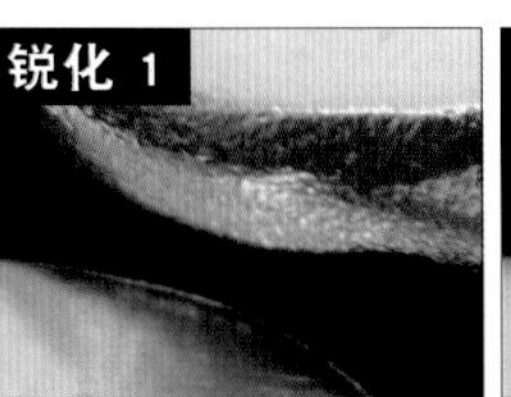
锐化 1

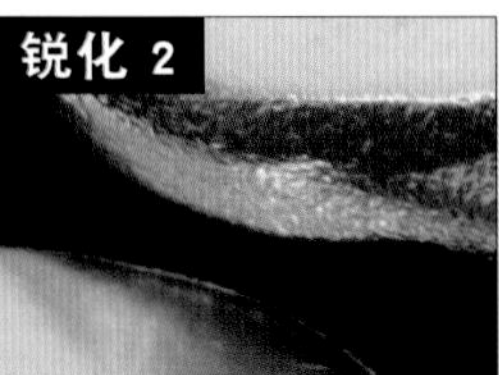
锐化 2

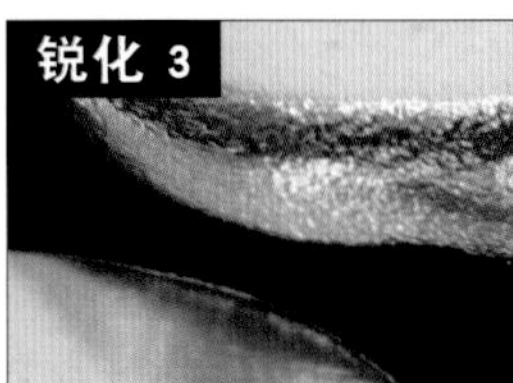
锐化 3

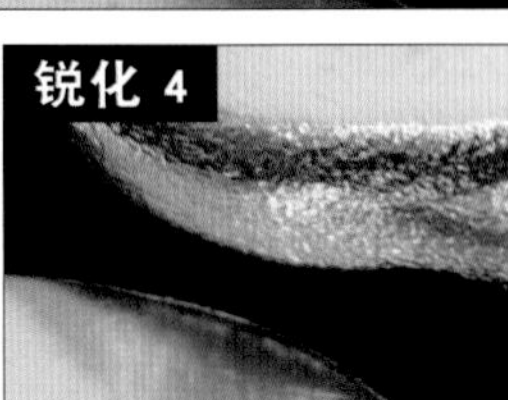
锐化 4

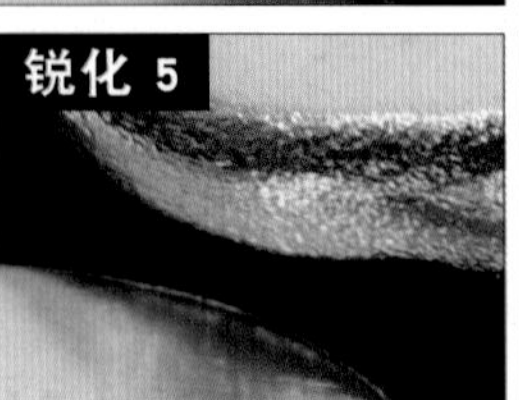
锐化 5

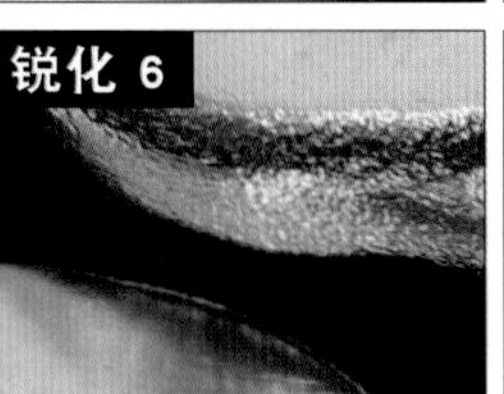
锐化 6

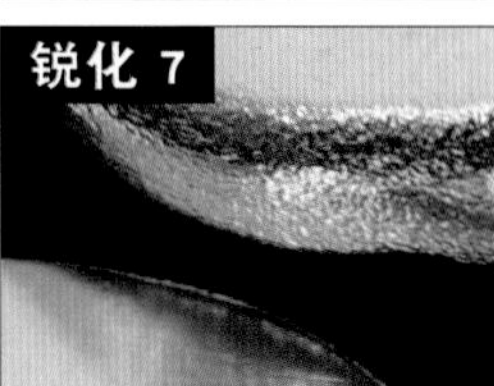
锐化 7

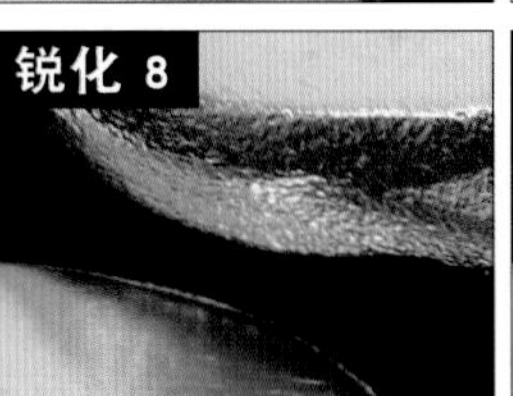
锐化 8

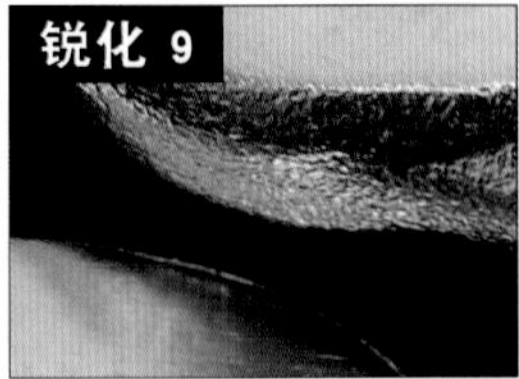
锐化 9

2 对比度

对比度的英文为Contrast，很多摄影师习惯称之为反差，即明暗之间的对比度。由于数码照片反差过高时，高光位和暗部可能失去层次，比如在烈日下拍人像面部的高光位，因此减少对比度有利于照片重现层次。相反，若影像反差过低时，比如在阴天拍摄，就需要增加对比度。调整时，分别可选择-3～+3，同样有A（自动），按画面自动调节。在开启了相机的动态D-Lighting时，对比度不能进行调整。

3 亮度

这个调整选项可以令照片的明暗整体发生变化，但不会影响照片的曝光，有-1和+1两种选择。同样，若开启了动态D-Lighting，也不可以进行设定。

4 饱和度

此选项可以应用于所有彩色拍摄的“优化校准”中，即除了MC(单色)外，皆可以使用。所谓饱和度，即照片的色彩鲜艳度，英文为Saturation。选择“A（自动）”，可以根据场景类型自动作出调整，而用户手动设定时则可以选择-3～+3，数值越大表示饱和度越强。

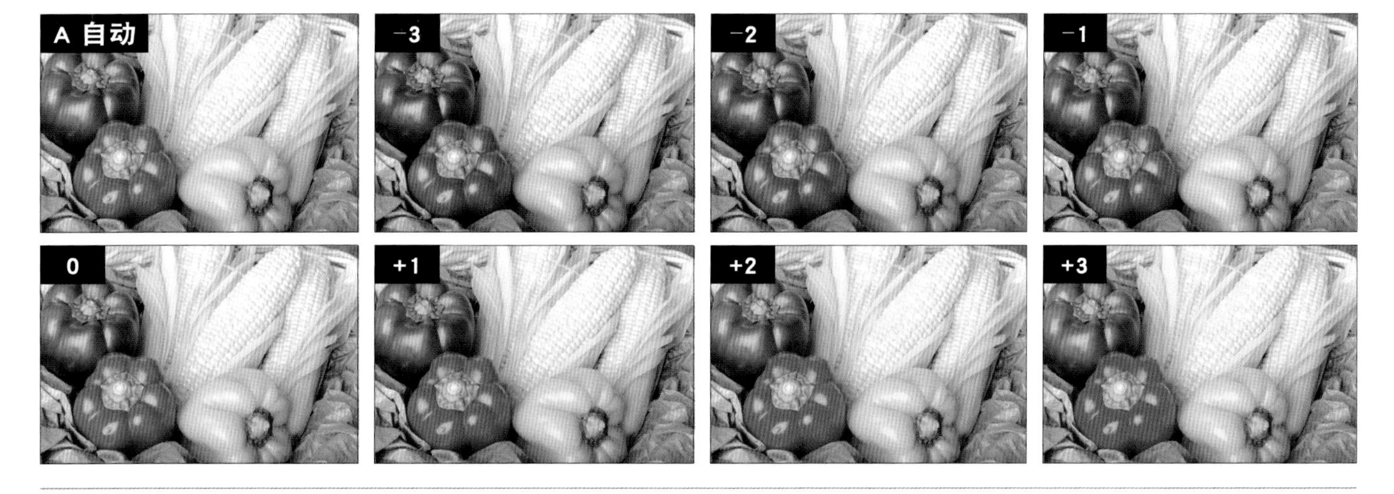

5 色相

色相(Hue)是用于改变色彩的偏向，在色彩系统中，Hue是色轮(Color Wheel)上左右移动的色彩变化趋向。当选择负值时，照片便会使红色偏紫，蓝色偏绿，绿色偏黄；若选择正值时，则会使红色偏橙，绿色偏蓝，蓝色偏紫。而D5000可以选择-3～+3不同程度的色相偏差。

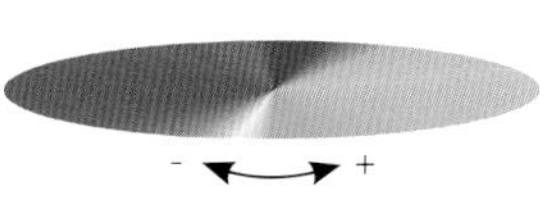

▲色轮上的色彩偏向，有+和-两个方向

一触即拍
认识相机
拍摄体验
菜单分析
扩充性能
影像处理
附录

Nikon D5000自动对焦模式

“具备多项对焦模式，用户可以按照不同的拍摄目标，选择合适的对焦方法，确保轻松准确地对焦。”

AF-S单次伺服AF

此自动对焦模式适合拍摄静态主体，其特点是当半按快门时，相机会马上对准主体，一旦对焦准确，对焦即被锁定，不会再变化。这种对焦模式很好用，当对焦完成之后就不会再改变，如果主体是不会移动的静物，那么只要一次对焦就能获得准确的焦点，给用户带来拍摄信心。

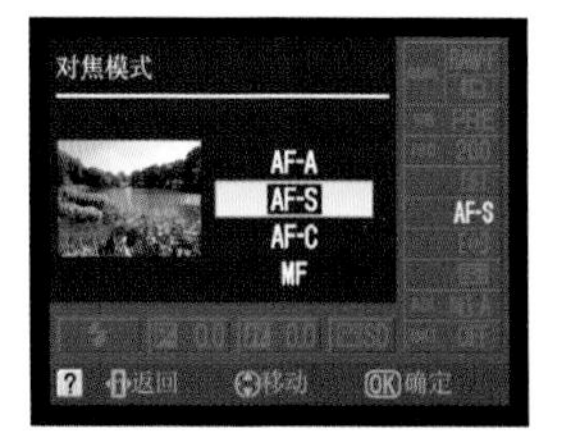

AF-C 连拍伺服AF

这是专为拍摄动态主体而设计的对焦模式，由于主体的位置会经常变化，AF-S不足以应付，而用AF-C则能获得准确焦点，其特点是半按快门之后，相机会不断跟踪主体连续对焦，无论主体怎样移动，相机都会在全按快门前保持对焦的动作，这样确保了曝光时焦点的准确。由于这种对焦模式专门针对移动物件，因此经常用于拍摄运动、写类等。

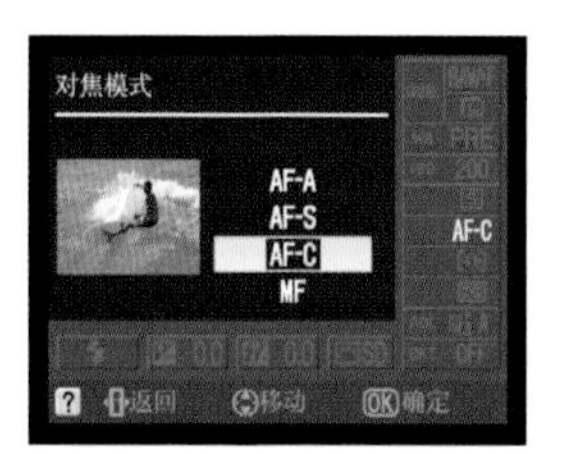

AF-A 自动伺服AF

这种对焦模式融合了AF-S和AF-C的功能，由相机来选择对焦方式，D5000会自动感应主体是否正在移动，按照需要选择AF-S或AF-C，如果主体没有移动，相机会自动使用AF-S；当主体移动时，D5000则启动AF-C。当用户不能准确判断主体的动静状态时，完全可以使用这项功能。

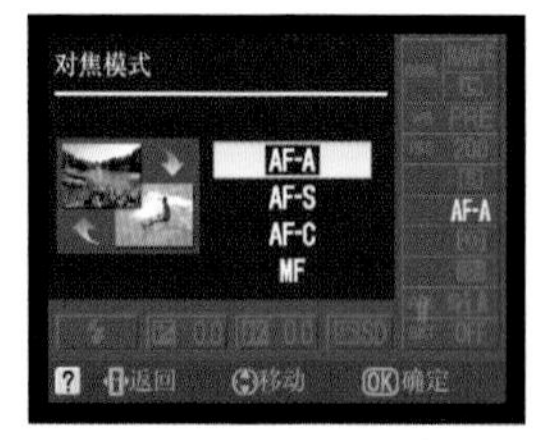

AF区域模式

Nikon D5000具备非常先进的对焦功能，它的11个对焦点覆盖了画面的主要部分，而且经过细心排列，非常实用。为了让用户更好地控制这11个对焦点，Nikon D5000具备了4种AF区域模式，包括了单点对焦（Single Point AF）、动态区域对焦（Dynamic area AF）、自动区域对焦（Auto-area AF）和3D跟踪AF（3D Tracking AF），利用不同的模式，Nikon D5000可以针对各种题材进行拍摄，无论静态还是动态，都能一一捕捉，准确对焦。

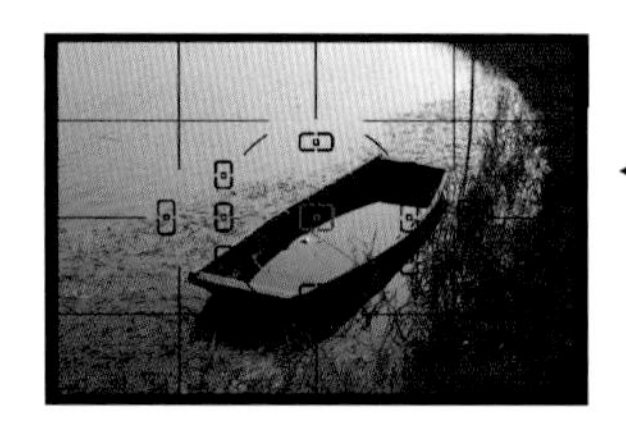

◀Nikon D5000有多达11个对焦点，覆盖画面的大部分地方，再配合不同的AF区域模式，对焦则更加准确了

单点模式

这个模式让用户可以手动选择对焦点，可以任意选用和更改Nikon D5000的11个对焦点。拍摄时，有明确的主体，同时主体不会随意移动，能保持在一个位置，此时就可以选用这项功能。由于Nikon D5000有11个对焦点，覆盖了大部分画面，无论主体在哪个位置，11个对焦点都能轻松对焦。

这种对焦模式适合在有充分的时间拍摄时使用，例如拍摄人像，如果要对准模特的眼睛，其位置往往不在画面中央，此时就能使用这个模式让对焦点移到模特眼睛的位置。

同时，此模式也适合于静物拍摄，例如想要拍摄细小物件某些精细的部分，该部分可能处于画面的角落，这时，可以选用角落的对焦点，D5000就会保持对焦该处，使拍摄变得更为容易。

由于此模式使用简单，只要用机背的十字方向按钮便可选择对焦点，加上它能准确对准主体，不受环境中其他景物的影响，让摄影师有操控的自由，因此很受喜欢。

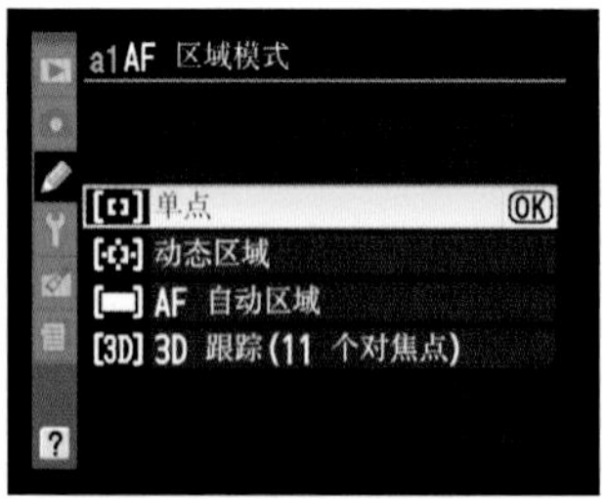

▲单点模式让用户自由选择对焦点，适合喜爱手动控制对焦点的用户

▲当拍摄静物时，使用这项模式最为适合

动态区域模式

这个对焦模式和AF-C、AF-A模式配合使用效果最好。用户可以手动选择对焦点，同时相机还会基于用户所选择的对焦点，保持其周围对焦点的运作，当相机感应到主体离开了设定的对焦点，就会自动用周围的对焦点来重新对准主体。

可以想像，如果拍摄移动中的主体，而目标会按照一定路线前进时，这个模式就非常适用。用户能用相机一直追随这个移动中的主体，利用选择的对焦点拍摄，即使主体轻微偏离了对焦点位置，相机也会帮用户重新对焦，大大增加了拍摄成功率。

此模式也可以配合AF-S对焦模式使用，这时，当用户选择了需要的对焦点，相机并不会保持周围的对焦点运作，只是用最先选定的焦点进行拍摄，所以使用这个模式拍摄动态主体和静态主体都适合。

▲动态区域模式适合拍摄移动的主体，特别是当用户的相机追随着主体时，对焦点能保持锁定主体以进行拍摄

▲如果用这个动态区域模式拍摄高速跑动的小狗时，只要用户的相机追着小狗移动，就能准确对焦

自动区域AF模式

如果你什么都不想操心，那使用自动区域AF模式是最好的选择，因为这个模式是由相机自动侦测主体，并选择对焦点的。此模式最好在主体清晰、容易对焦的时候使用。由于对焦任务交给了相机，用户可以将全部精力放在控制曝光和构图上。这个对焦模式可以配合AF-A、AF-S和AF-C使用，拍摄动态主体和静物都适合。

不必担心相机会对焦错误，因为D5000配合Nikon的AF-S镜头时，可以从背景中区分人像，提高对焦的准确性。

如果是初学者，当自己难以选择某个对焦点时，可以将工作交由D5000负责。例如在拍摄团体照时，画面有很多人物，初学者不知道应该选择哪个人物作为对焦依据，那么就可以选择这个模式，由D5000来决定对焦点，往往能获得不错的效果。

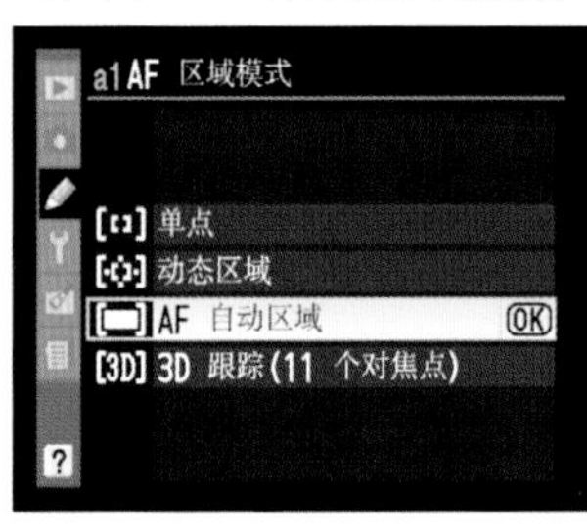

▲自动区域AF模式是由相机来选择对焦点，如果用户不能确定对焦目标时，最适合使用这项模式

▲有时候拍摄风景，使用自动区域AF已经有准确的焦点了

3D跟踪(11点)模式

这本来是最顶级的对焦点控制模式，早年是用在顶级机上，现在连轻便的D5000也备有，证明了Nikon对D5000非常重视。这项功能需要相机具有辨认主体的能力，能分辨主体和背景，这样才能锁定移动的主体。

使用这个模式时，用户半按快门后，相机会锁定主体，任由主体如何移动，D5000都能自动选用11个对焦点保持对焦。由于Nikon D5000的11个对焦点覆盖整个画面，即使主体在画面中不断转换位置，D5000也有能力对焦。

这个对焦模式非常适合拍摄移动中的主体，特别是那些不规则移动的主体。例如，拍摄运动比赛，运动员不断移动位置，千变万化，即使用户反应再快，也不可能以手动设定对焦点来跟踪运动员，此时便可使用这项功能，只要在半按快门时锁定主体，任由运动员怎样移动，D5000的11个对焦点都会发挥威力，追着运动员对焦。

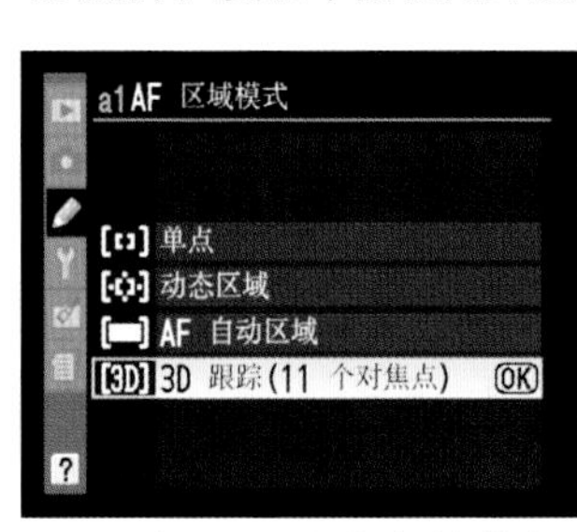

▲D5000加入了3D跟踪（11点）模式，过去这是专业的顶级机才有的功能，现在在D5000身上也能见到了

▲如果要拍摄高速移动，而且没有特定规律的主体，使用这项功能最好不过了

测距器的应用

除了AF-S、AF-C和AF-A之外，用户还可以使用MF来对焦。D5000在取景器中新增了测距器功能，当手动对焦时，取景器的曝光指示会用来显示对焦是否正确，如果曝光指示偏向左边，则焦点是在主体的较前位置；如果曝光指示偏向右边，表示焦点是在主体较后位置；如果对焦准确，曝光指示会指示在正中央。但要注意，当曝光模式在M状态时，此曝光指示仍然用来显示曝光偏向，而不能显示焦点位置。由于有了测距器，即使使用非AF-S镜头，也能准确地进行手动对焦了。

▲由于有了方便的测距器，手动对焦也不再困难了

多种快门释放模式

“只要选择不同的快门释放模式，无论是单张拍摄、连拍还是自拍，都能简单做到！”

6种快门释放模式

Nikon D5000拥有多达6种的快门释放模式，包括单张拍摄、连拍、自拍、延迟遥控、快速响应遥控及安静快门释放，足够让用户应付多元化的摄影题材。而要在D5000中选取快门释放模式也十分简单，只需按下机顶上的“info”按钮，启动显示拍摄信息，然后按下“i”按钮，再选取“释放模式”进入选项即可。

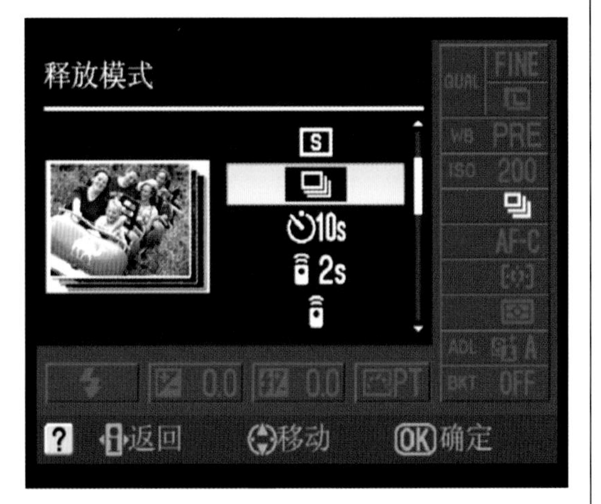

单张拍摄

这是最常用的拍摄模式，每按快门释放按钮一次，相机就会拍摄一张照片，适合拍摄风景照片时使用。

▲拍摄风景题材可以使用单张拍摄模式

连拍

当需要捕捉一连串主体移动的照片时，连拍模式就最合适不过了。只要按住快门释放按钮不放，D5000就会以4fps的速度连续拍摄照片。此外，

▲连拍模式适合用来拍摄高速移动的主体

D5000的连拍能力绝不逊色于高级机型，它能够以每秒4张的速度拍摄照片。经过测试发现，无论使用Class 2、Class 4还是Class 6的SDHC存储卡，D5000的连拍速度都是一样的，相信是因为D5000相机内的缓冲区有足够的能力来处理连拍的照片。不过，Class 6的SDHC存储卡始终有其优势，尤其是当用户传送照片到电脑时会十分明显。

D5000可连拍张数列表

拍摄模式	照片质量	连拍张数
NEF(RAW) + JPEG 精细	L	7
	M	7
	S	7
NEF(RAW) + JPEG 标准	L	7
	M	7
	S	7
NEF(RAW) + JPEG 基本	L	7
	M	7
	S	7
NEF(RAW)	-	11
JPEG 精细	L	63
	M	100
	S	100
JPEG 标准	L	100
	M	100
	S	100
JPEG 基本	L	100
	M	100
	S	100

D5000连拍照片示范

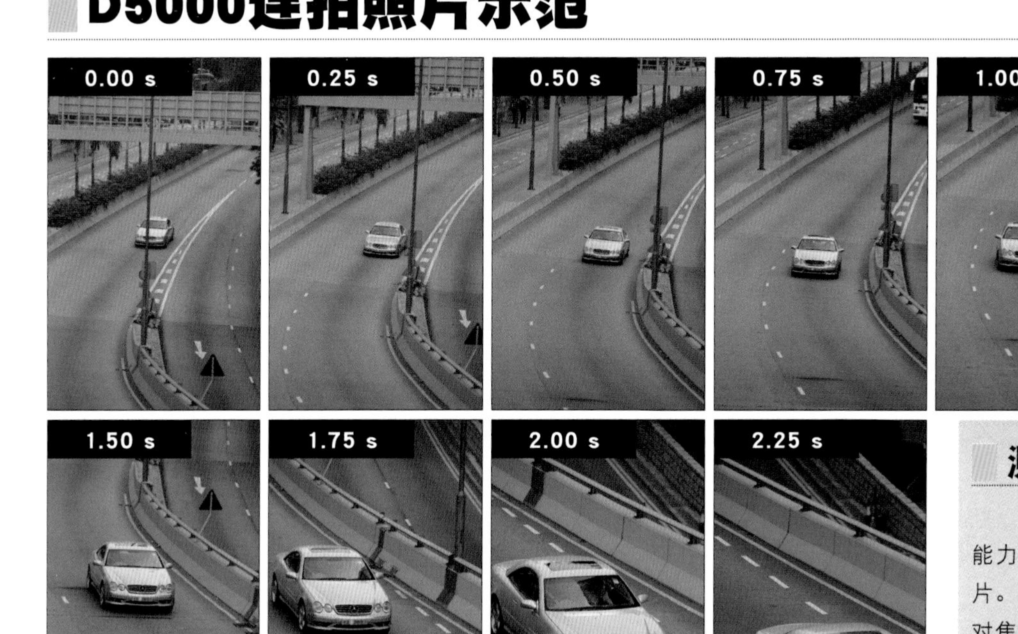

测试结果：

虽然D5000是入门机型，但其连拍能力不俗，能够以4fps的速度连拍照片。此外，配合相机的AF-C连续自动对焦功能，要准确捕捉移动中的拍摄对象就更加得心应手，大家不妨多多利用。

自拍

D5000的自拍模式适合用户进行人像自拍，或是在减少相机晃动以避免照片模糊时使用。

▲自拍模式适合拍摄夜景题材，配合三脚架可减少相机晃动的机会

延迟遥控

这个模式可让用户遥距控制D5000进行拍摄，快门会延迟2秒释放拍摄照片。需要留意的是，该模式需要配合另购的ML-L3无线遥控器使用。

▶通过ML-L3无线遥控器，用户就可遥距控制D5000进行拍摄

快速响应遥控

与延迟遥控模式一样，用户需要使用ML-L3对D5000作遥距控制，而快门会立即释放拍摄照片。

安静快门释放

当使用安静模式按下快门释放按钮拍摄时，相机的快门会正常启动，但反光镜并不会立刻返回原来位置，直到松开快门释放按钮后，反光镜才会回到原位。用户可在拍摄后紧按快门释放按钮，待适当的时间再松开，以避免刺耳的快门及反光镜的连续声响惹人注目。另外，在安静快门释放模式下，相机在对焦时也不会发出“蜂鸣”音。这个新功能可以在拍摄一些宁静的环境或者不想骚扰拍摄对象时使用。

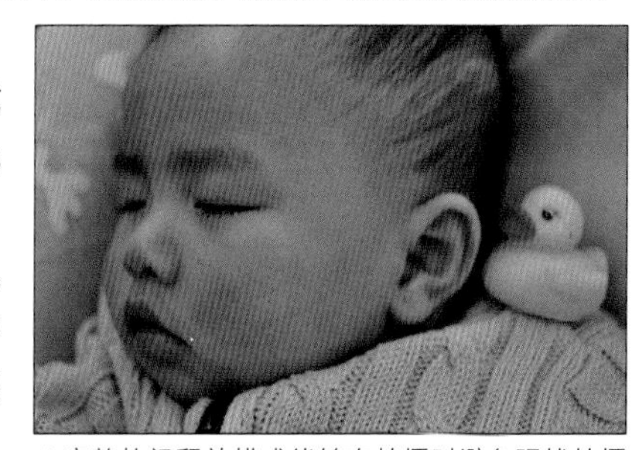

▲安静快门释放模式能够在拍摄时避免骚扰拍摄对象

间隔定时拍摄模式

除了以上各种快门释放模式外，D5000还提供了间隔定时拍摄模式。这个拍摄模式的特点是可以在相机预设的时间间隔中，让相机按时间自动拍摄照片。此模式可以方便用户在不同时间拍摄相同场景的不同变化，设定详情可以参阅“拍摄菜单”内容部分。

选择测光模式

“不同情况可以选择合适的测光模式，D5000有3种测光模式，可帮助用户掌握准确的曝光。”

▲D5000的420像素RGB传感器

420像素RGB传感器

D5000虽然不是Nikon的专业机型，但性能却很高。在测光方面，它沿用了Nikon单反相机的RGB传感器技术，光线会投射到具有420像素的传感器上，传感器连接着相机的“大脑”，不但能根据光线和色彩进行亮度测量，更有场景识别的能力，可分析画面的主体和背景，以此获得亮度平衡而准确的影像。

3种测光模式

在这先进的测光系统下，D5000用户可以从3种不同的测光模式中进行选择，包括“矩阵测光”、“中央重点测光”和“点测光”，只要按拍摄的题材去选择便可，相当容易。但要留意的是，点测光模式下，若选择了“自动区域AF”，在拍摄时相机仍然会将中央的对焦点作为点测光的位置，故建议用户养成利用AE-L功能锁定的习惯。

TIPS

善用包围曝光

D5000的测光基本上比较准确，如遇到一些特殊的拍摄环境，如深色或浅色背景时会令曝光有偏差，这时，用户可使用曝光补偿功能。若想自动获得不同的曝光效果，可使用“自动曝光包围”功能，选择需要曝光的加减级数，而D5000的包围功能也包括白平衡和D-Lighting。

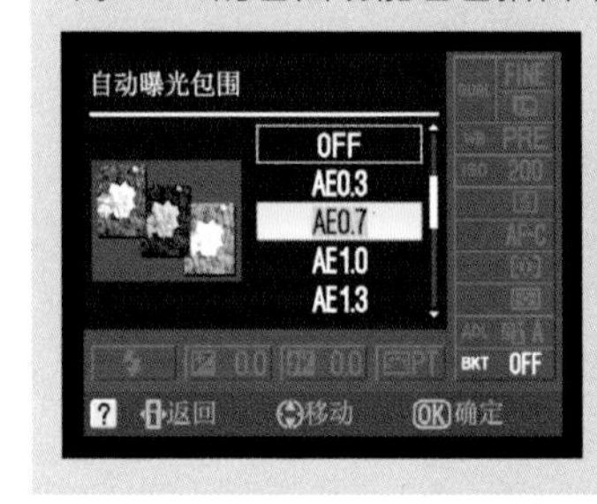

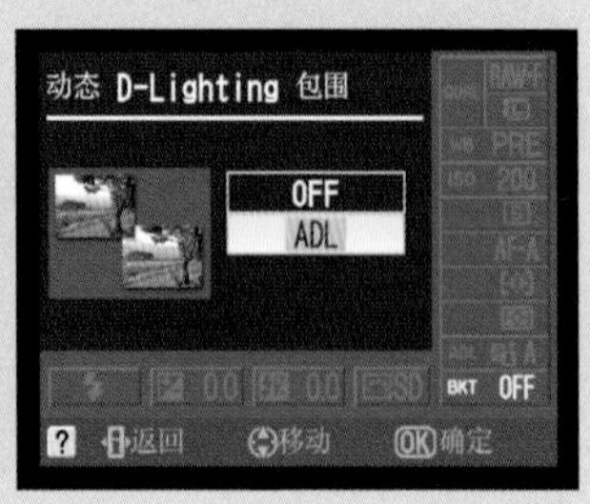

各测光模式的应用

模式	特点	应用
矩阵测光 	这是利用420像素RGB传感器对画面整个区域进行分区和仔细的测光，根据色调分布、色彩、构图和镜头的距离等信息作分析。配合使G或D型镜头时为3D彩色矩阵测光 II，若使用其他CPU镜头时，则为彩色矩阵	 适合大部分拍摄情况，即使是人像也可以，因为相机会根据对焦位置及人像构图作出自动权衡。而配合i-TTL闪光灯拍摄时也十分适合
中央重点测光 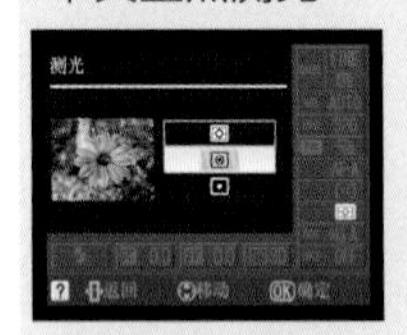	此模式也是对整个画面进行测光的，但会偏重中央区域，而且不会作仔细的分析，这是传统单反相机的模式，是以往基本的电子测光模式	 由于此模式集中对画面中央测光，因此适合简单的构图画面，如人像或特写，而且它单以整个画面中央重点的部分进行测光，也适合在使用了减光较多的滤镜时使用
点测光 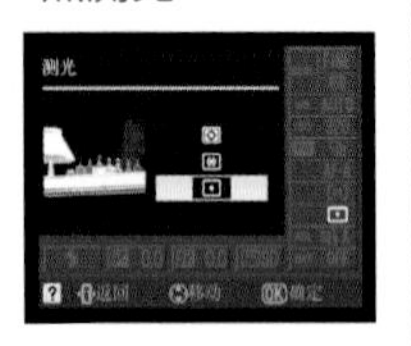	按对焦点的位置集中极细的范围进行测光。当选择了自动区域AF时，将只会对中央对焦点进行测光	 在拍摄的主体受光比较大的场景中，如逆光或有高反差时，利用点测光向主体锁定曝光，可确保主体仍能曝光准确，所以在适合一些明暗变化较大或主体没有处于平均光照的环境下使用

EXPERIENCING D5000

体验单反拍摄乐趣

D5000是一部功能齐备的数码单反相机，除自动化的拍摄模式外，还载有多种可以让用户发挥摄影功力的曝光模式，包括最为经典的P程序自动模式、S快门优先自动模式、A光圈优先自动模式和M手动曝光模式4种。在这部分中会为大家详细介绍各种曝光模式的应用，以及一些拍摄相应题材的技巧和窍门，让用户了解到使用D5000怎样可以拍到更好的片子。另外，D5000更是现时较新一批拥有Live View和高清拍片功能的DSLR之一，所以在这里也将示范Live View的拍摄运作和拍片的技巧，让用户可以更投入和彻底地体验D5000带来的拍摄感受和乐趣。

▲光圈：f/5.6，快门：1/500s，感光度：ISO 200

程序自动Program Mode

“这是很多人会用的曝光程序，提供全自动曝光，让用户无需关心光圈快门，即取即拍，又不怕闪光灯随便闪！”

自动vs曝光

D5000机身上有一个方便调整曝光模式的拨盘，上面有一个绿色的“Auto”，旁边有一个“P”模式。“Auto”是除了光圈、快门及ISO外，连白平衡及闪光灯等也是全自动控制的模式；但“P”程序只自动控制曝光，两者用途不同。如果“不求操控，但求方便”，那就使用“Auto”模式；如需要自行作基本的设置，只是放弃快门及光圈的设定，那么就使用“P”模式。对摄影要求较高的用户很少使用Auto模式，更多地会选用“P”程序进行自动曝光。

对DSLR来说，用P程序曝光模式，相机会按照预设的ISO浮动范围、照明的亮度和所使用镜头焦距的长短，自动选用最佳的光圈和快门，从而得出理想曝光的照片。

对摄影有一定要求，但又希望相机能作全自动曝光的用户，可以自己先设定ISO范围、测光模式以及白平衡等，在拍摄时，任由D5000自选最佳的光圈及快门值，这个模式最适合用于快速拍摄照片，例如街头写实的快照、生活快照等。在日常D5000备用时，可以先把它调在P模式，包括保持在常用的测光模式及白平衡，这样相机一打开便可以立刻进入拍摄状态，避免错失任何精彩的瞬间。

那么，为何不用Auto（自动）模式呢？因为对摄影师来说，闪光灯的使用在很多场合都有一定要求，若闪光灯在拍摄时随时根据需要弹起闪光，可能会带来很多不便，甚至出现尴尬的场面，特别在街头进行随意快拍时，如果闪光灯突然闪光，可能会引来不必要的麻烦。

生活随拍，喜欢就按快门！

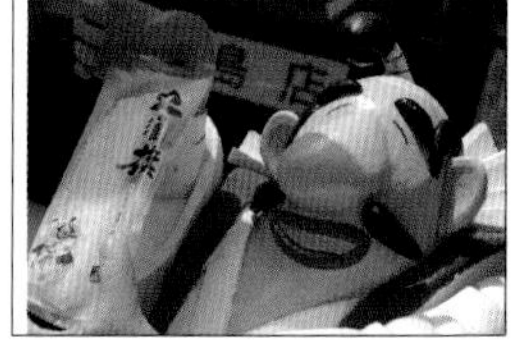

弹性驾驭P模式

Nikon DSLR的程序曝光都设有“柔性程序”(Flexible Program)的功能。原则上，在P程序自动模式的情况下，相机会按照照明的亮度等条件提供一个比较适中的快门及光圈组合进行曝光。一般而言，摄影师如对影像有特别要求，主要不外乎于要扩大光圈获得浅景深，或缩小光圈以取得较大的景深，因此有时为了特别的动态主体，需要特别设定快门。如果单纯用基本的P模式，那设置就由相机来决定，摄影师对拍摄的效果就难以有自主权。

有了“柔性程序”后，摄影师就可以在拍摄前使用机身上的指令拨盘自行设定曝光程序，这样就可以选择扩大或缩小光圈来控制景深，或设定较快或较慢的快门速度，以便拍摄出自己所要的动感影像。

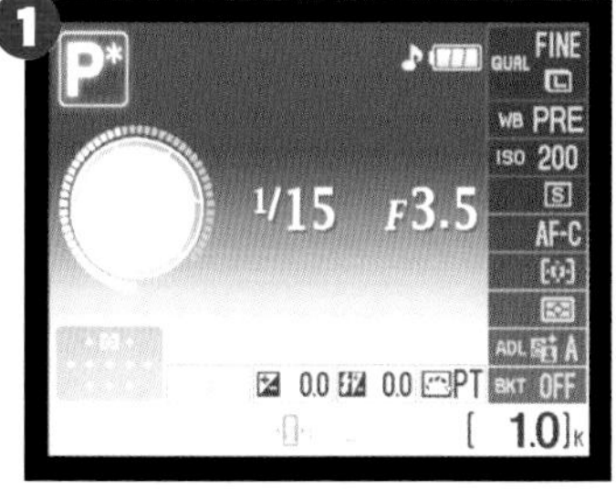

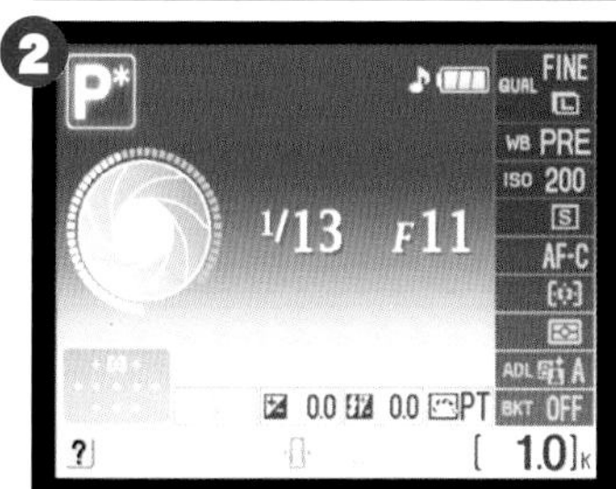

▲P模式也可改动光圈值

什么是Snapshot?

Snapshot是指快而准地捕捉到事物精彩瞬间的一种拍摄方式。著名的摄影大师布列松(Henri Cartier-Bresson)的名言：“决定性的瞬间”意思就是说大家想拍摄的每一种事物，都会有其最有代表性或最有趣味的画面瞬间。

Nikon D5000的P程序曝光模式可以让摄影师全身投入于画面的构图及对瞬间拍摄的掌控，完全可以忘记光圈及快门的调整，可以有信心地拍摄出精彩的画面。

其实，以往不少专业摄影师都坚持用光圈优先(A)或快门优先(S)来加强对影像的控制，如今，大部分摄影师要快拍，也会优先考虑使用程序自动模式。

▲光圈：f/5，快门：1/400s，感光度：ISO 200

善用±按钮作曝光补偿

TIPS

在D5000的快门按钮旁边有一个“±”曝光补偿按钮，按着它再转动指令拨盘，可以增加或减少曝光量，从而达到“曝光补偿”的目的。曝光补偿是对相机自动曝光值进行手动调节。有人会问：D5000的测光那么准确，为什么还需要进行曝光补偿？原因并不是出自于D5000本身，而是关乎于拍摄的题材。

▲按着“±”曝光补偿按钮，转动指令拨盘便可调节曝光

拍摄白色为主的背景，例如在沙滩或雪地的环境下拍摄，曝光会不足，因此要增加曝光进行补偿；在拍摄演唱会时，背景太暗而主体太亮，因此，要作减少曝光的处理。

▲光圈：f/9，快门：1/500 s，感光度：ISO 320

快门优先Shutter Prority

“要想照片中的主体不会因移动而模糊？用快门优先设定较高的速度吧！”

快门优先是指以快门速度作为曝光设定的优先考虑条件。摄影师在快门优先自动曝光的模式中，可以自选一个快门值，D5000便会把曝光时的快门速度锁定在这个数值上，然后按照环境亮度的变化及已设定的ISO（感光度）作为基础，自动提供一个恰当的光圈值，让摄影师拍摄出曝光较准确的照片。

在拍摄好动的动物、小孩以及体育项目时，由于要避免快门速度太慢而不能把主体拍摄清楚，因此摄影师就要以快门优先模式来自选一个较高的快门速度，这需要根据不同的主体而定，一般人类的正常动作，1/125s已足够；但拍摄宠物或小孩的动作，1/250s或以上比较安全；如拍摄体育项目或奔跑等的快速动作，1/1 000s或以上会较有保证。

高速主体清、背景朦胧?

有一些作品中，高速移动的主体会十分清晰而背景却相当模糊，有相当强烈的动感，这种拍摄手法被称为“摆镜”或“摇镜”，英文为“PAN”。这种拍摄手法是利用慢快门，在主体快速经过时，摄影师高速横向摆动相机追拍主体，务必令主体在画面中的位置不变，而背景却因此“划花”了。

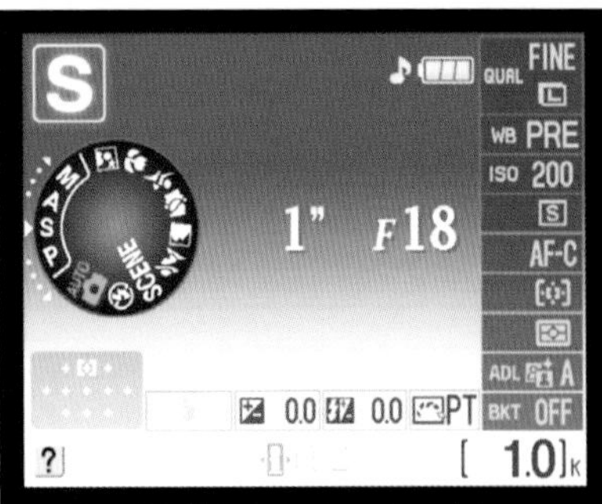

快门太慢会手抖 TIPS

手持相机拍摄任何照片时的快门速度都不能太慢，因为摄影师的手部轻微抖动都会影响影像的清晰度。因此，有一个“1/焦距原则”应该遵守，就是所使用快门速度的数值不宜低于焦距值的倒数，如以FX格式计算，用50mm镜头不宜慢于最接近1/50的1/60s，用200mm镜头不宜慢于1/250s，如用DX格式，焦距值要乘以1.5来计算，如用200mm就相当于300mm的画角，因此快门不宜慢于1/500s。

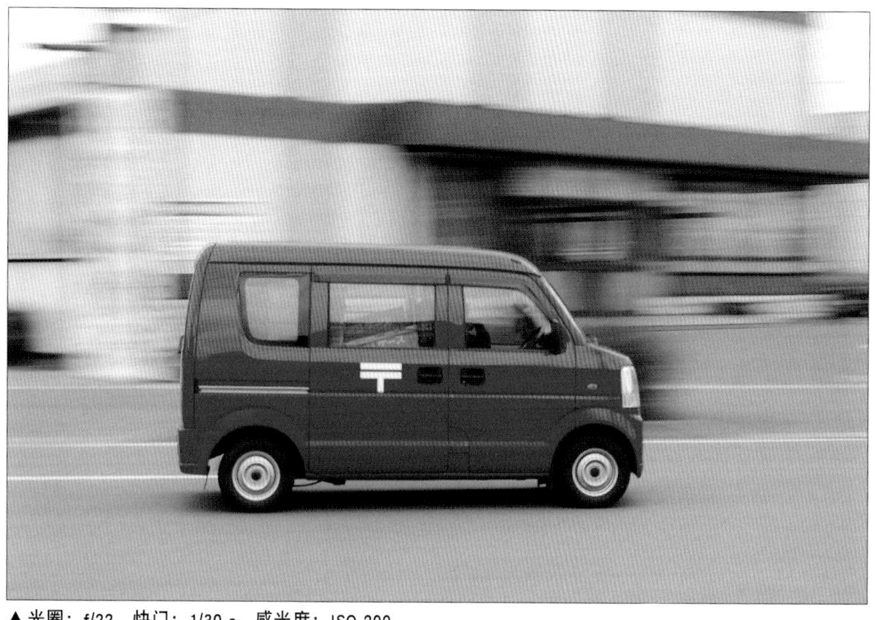

▲光圈：f/22，快门：1/30 s，感光度：ISO 200

在D5000上要使用快门优先，只需在模式拨盘上选择“S”模式，相机就会进入快门优先模式。摄影师可以自选一挡快门，例如拍摄宠物照片需要较高速度的快门，可以选择大约1/250s或1/500s，D5000便会在曝光时，按照已设定的ISO值及照明的亮度，提供一挡合适的光圈值，让影像得到较准确的曝光。

摄影师可以根据需要随时改变已设定的快门速度，只要不会因为快门速度过慢而出现“手抖”即可。而对于拍摄静物而言，快门速度对影像没有太大影响。

如何拍摄活泼的宠物和小孩

家中的宠物和小孩一样活泼可爱，但动作却是很难捕捉，总是不肯乖乖安静下来让你拍摄，是较难拍摄的题材。如果要用D5000解决这个问题，可以考虑用快门优先将快门速度固定在1/500s甚至更高，以防止小孩或宠物移动令影像模糊。另外，可以配合D5000的连拍模式进行每秒4张的连拍。拍摄时可以以较宽松的构图让主体处于画面的中央，以保证可以完整地把动作中的小孩或宠物拍摄到，拍摄完毕可以在电脑中作适当的画面剪裁。

此外，可以先用D5000对准主体，并半按快门对准焦点，当主体进入计划好的画面区域时，用声音呼唤引起主体注意，待主体望着镜头时将快门完全按下，当然，主体不望向镜头可以捕捉到自然的神态，也无不可。

4fps连拍捕捉动态

快门速度建议

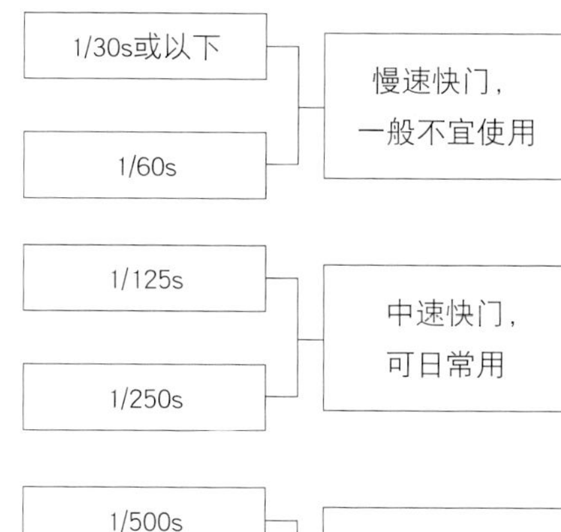

光圈优先Aperture Priority

“要获得主体超清晰，背景较朦胧的浅景深效果，就一定要用A模式：光圈优先。”

▲光圈：f/1.8，快门：1/800 s，感光度：ISO 560

影响曝光共有4个因素，分别是照明的亮度、ISO（感光度）、快门速度以及光圈。其中，由于照明的光源大部分来自于阳光，由不得摄影师来控制，因此，对DSLR来说，控制ISO（感光度）、快门速度及光圈便是3种控制曝光的最佳手段。ISO越高影像品质越差，所以鼓励尽量使用最低ISO；而快门速度则影响移动主体的动感，对拍摄静物来说，快门速度快慢没有明显分别；而光圈则不同，每一级不同的光圈均会影响“景深”的表现，摄影师要控制照片效果，就要活用不同的光圈，因此光圈优先是让摄影师能尽量操控景深的一种自动模式。

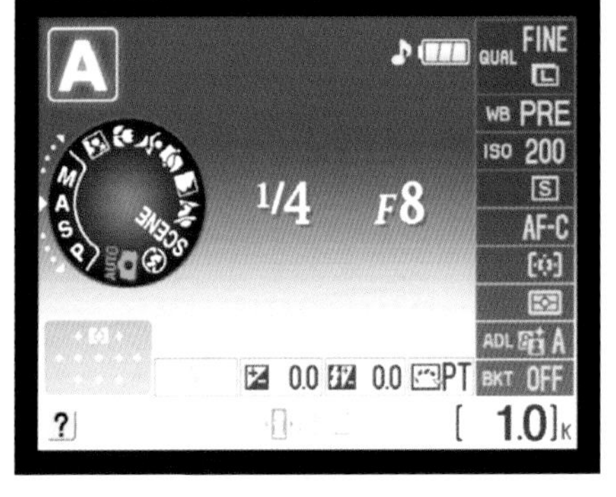

什么是景深？ TIPS

景深(Depth of field)是指“景物清晰的深度”，即是指镜头对准焦点平面之前及之后，仍然清晰的范围。浅景深是指只有对准焦点的景物清楚，背景及前景均十分模糊，而大景深则指远近均十分清晰。

影响景深的3个因素 TIPS

影响景深共有3个因素：光圈、焦点和焦距。光圈大，例如f/2.8，景深则浅；光圈小，例如f/11或f/16，景深则相当大。焦点近，例如近摄，景深极浅；焦点远，例如拍摄远山，景深相当大，甚至无限远。最后是焦距，远摄镜头景深较浅，广角镜头景深较大。

在D5000上，只须在模式拨盘上选择“A”模式，相机便会进入光圈优先模式。摄影师可以自选一挡光圈，例如想获得浅景深，便调整至大光圈，D5000便会按照已设定的ISO值以及照明亮度，自动提供一个快门速度，让影像得到理论上准确的曝光。

摄影师只需要调整光圈进行拍摄，即使不在意调整光圈，相机也会准确自动曝光，一定会得出适当的曝光。

不同光圈的景深变化

大光圈 ——→ 小光圈

f/2.8

f/4

f/5.6

f/8

f/11

用光圈优先拍摄人像

要拍摄精彩的人像照片，其实有很多不同的方法，但较为典型的方法还是用中距镜头配合较大的光圈，在中等的距离外拍摄半身人像。所谓中距镜头，是135系统(FX)的80mm～100mm的镜头，若用DX格式的DSLR，就拿D5000来说，可以配用18mm～55mm镜头，使用55mm端拍摄，就相当于135画幅的80mm左右。

拍摄时，设定光圈优先模式，把镜头的光圈开到最大，这样就可以得到较浅的景深。如果使用D5000想拍更浅景深的人像，可以用AF-S Nikkor 50mm f/1.4G，便相当于75mm左右的焦距，而且有f/1.4的特大光圈，景深会格外浅，效果奇佳。

光圈优先控制快门 TIPS

表面上光圈优先是让摄影师控制光圈，其实，聪明的摄影师也可以善于调整光圈来控制快门。因为在自动曝光的前提下，DSLR的光圈及快门设定是可以互补改变的，一切条件相同，缩小光圈便会降低快门速度，反之用大光圈，快门速度则会提高。

手动曝光

Manual Exposure

"想完全控制影像的曝光效果，最好使用手动曝光模式，这样拍摄夜景才够漂亮！"

▲光圈：f/8，快门：10s，感光度：ISO 100(Lo 1)

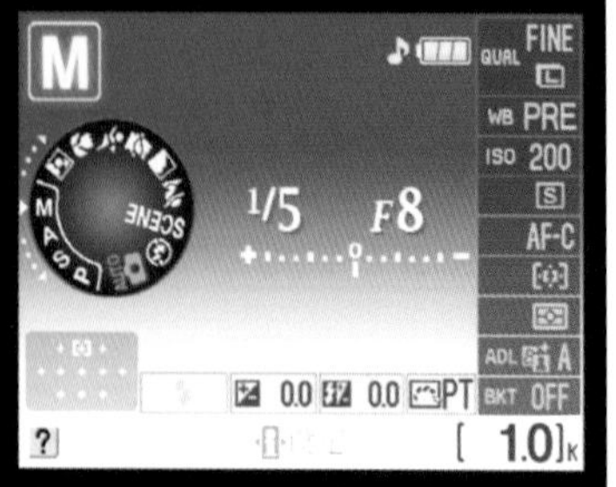

所谓手动曝光，其实指摄影师在曝光前必须自设快门速度及光圈值，以便让D5000可以按摄影师的指示进行曝光。当然，摄影师还可以通过控制ISO值来达到曝光的要求，但是，主要控制的仍是光圈及快门。

D5000内置先进而成熟的测光系统，可以在手动曝光时提供精准的测光数据，用户可以按照测光系统的指示，通过设定不同的光圈以及快门值，来达到准确曝光的目的。既然Nikon D5000已有精密的测光系统，自动曝光又那么方便，那么为何仍然要用手动曝光呢？

其实，任何相机的测光系统都是按照一套既定的准则去设计的。相机所使用的测光方式，称为反射测光，也就是测量由主体反射到相机的光线，是以18%的反光为准。当然，这只是理论上的，在实际拍摄时，摄影师可以利用增加曝光量或减少曝光量来改变影像的明暗，得到最佳的表现。

比如，在烈日下拍摄沙滩人像，就需要使用比测光更多的曝光量；若拍摄黑色为主的画面，比如黑色的皮具，就需要减少曝光量来表现原物体的黑色。本来可以利用相机的曝光补偿配合自动曝光拍摄，但更方便的方法就是使用手动曝光。

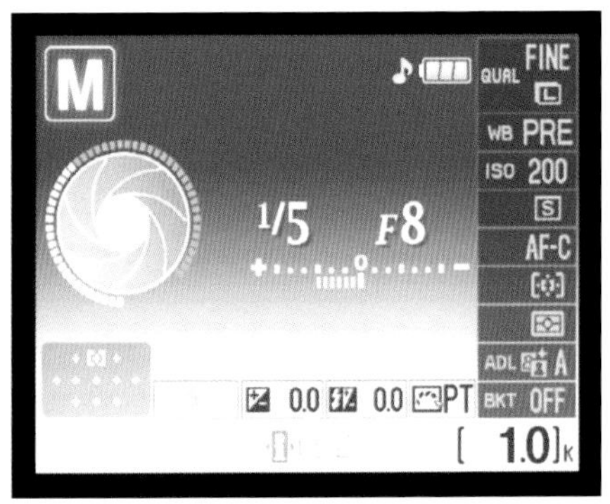

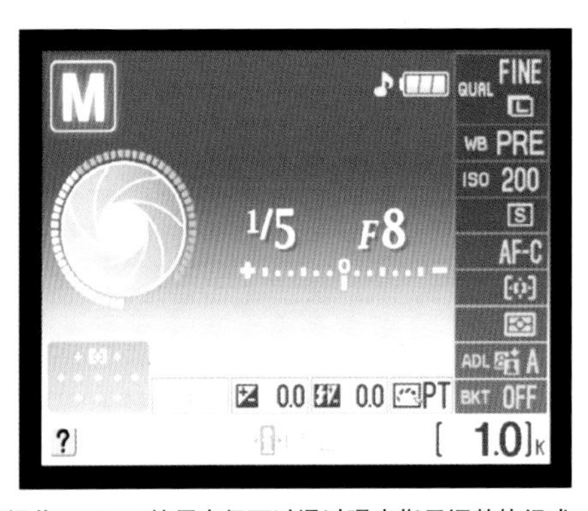

▲在M(Manual)曝光模式中，其实相机的测光表仍然在运作，D5000的用户仍可以通过曝光指示调整快门或光圈来改变曝光量，也可以自选是否要“+”或“－”曝光量

如何拍摄夜景

夜景是初学者和资深摄影师都会涉猎的题材，不少怕麻烦的初学者可能会用自动曝光的方式拍摄，但如果想要对画面有最好的控制，还是用手动曝光比较好。

由于夜景中有不同的光源，很难说哪个位置测光最好，因此，拍摄夜景时测光系统提供的组合只能作参考。要把夜景拍摄得更有气氛，需要增加曝光量或减少曝光量，所以利用手动曝光可以快速调整曝光，也可以利用B门作手动的长时间曝光。

使用B门的做法是用三脚架把相机固定，对拍摄对象进行准确构图，相机ISO设定在100，把D5000快门速度设定在B，再利用电子快门线控制快门的开关。

通常，摄影师需要缩小光圈使曝光时间延长，以捕捉更多流动的光线变化，例如路上的汽车灯，以突显长时间曝光的夜景照片记录一段时间的特性。

▲长时间捕捉马路上的车流轨迹
光圈：f/25，快门：30s，感光度：ISO 200

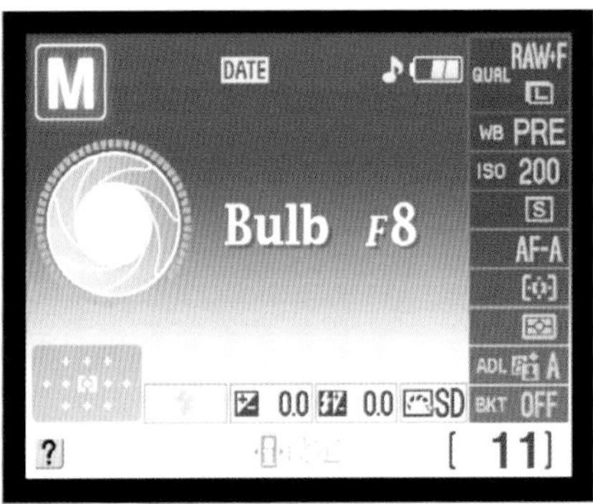

▲当曝光时间过长时，如超过30s，可以在M模式中使用Bulb快门，即俗称“B门”，可保持快门开启至松手为止

手动曝光就是指相机不会根据不同的测光系统提供的不同曝光组合进行曝光，而是根据相机上事先设定的光圈和快门组合进行曝光。因此，如果摄影师忘记每次曝光前确认曝光情况，就可能出现曝光过度或不足的影像，发生时亮时暗的情况。

▶因为B门须按着快门释放按钮来运作，但手部的抖动会令相机有震动，所以需要使用电子快门线来操作

TIPS

在手动曝光时，也可以在相机背面的LCD屏上看到曝光标尺上显示的曝光状况，以便评估曝光偏离相机建议的曝光值范围。由于在Live View模式中，D5000不会提供模拟的明暗变化，无论曝光过度还是曝光不足，Live View均显示为正常，因此不建议在Live View模式下使用手动曝光。

Live View轻松拍摄

“利用Live View（即时取景）功能，配合可450°旋转的LCD显示屏，拍摄不同角度的照片从此更轻松！”

Nikon D5000与一般的轻便数码相机一样，拥有Live View（即时取景）功能，同时配合D5000可旋转的LCD显示屏，用户就能够进行灵活的构图，在举高相机俯拍或仰拍时特别方便。而使用D5000的Live View功能十分简单，只要按下“Lv”按钮，相机就会进入Live View（即时取景）模式。

▲只要按下“Lv”按钮就能开启即时取景，反光镜便会升起，用户便可利用LCD取景

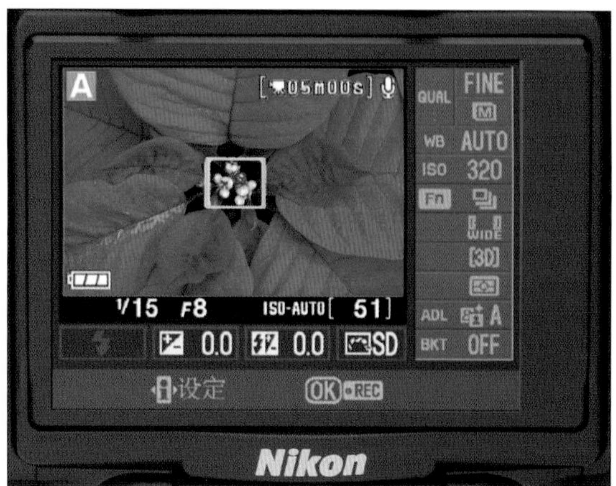

4种Live View自动对焦模式

D5000的Live View模式比D300、D90更完善，一共有多达4种不同的自动对焦模式，分别为脸部优先、宽区域、标准区域及新设的主体跟踪模式，方便用户拍摄不同的主题。

脸部优先

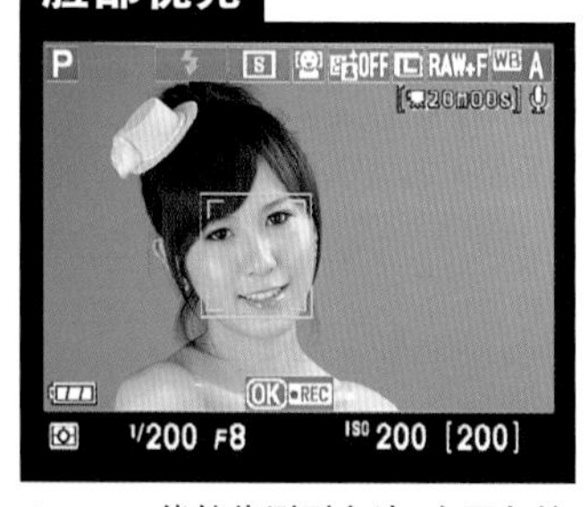

▲D5000能够侦测到多达5个面向镜头的人物，并会对焦在最近的主体上，而屏幕也会在主体脸上显示一个黄色的框

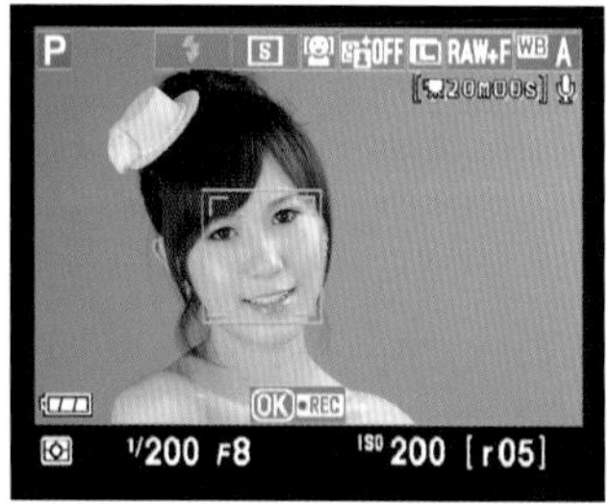

▲当对焦成功后，对焦框会变成绿色

宽阔区域

▲通过多重选择器，用户可以在画面中自由选择对焦位置，适合手持拍摄风景题材时使用

标准区域

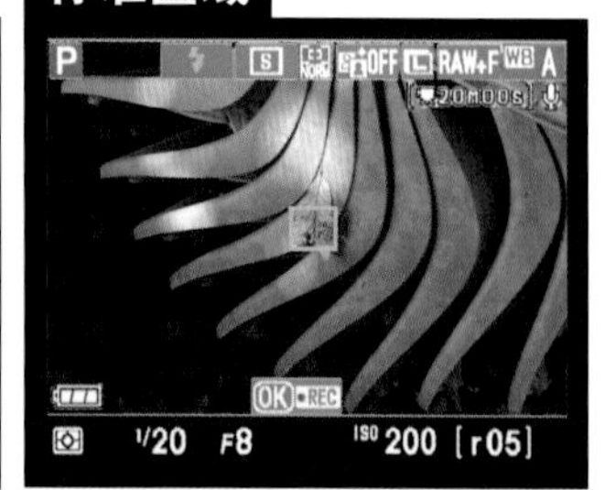

▲与宽区域模式相同，用户可通过多重选择器选择出对焦位置，不过标准区域模式的对焦范围精确度较高，适合利用三脚架拍摄植物或小物件时使用

主体跟踪

新增的主体跟踪功能可以帮助用户拍摄移动中的主体。

▲首先将拍摄主体置于画面中央位置，然后按▲进行对焦

▲相机对焦后，对焦框会变为黄色，并会跟踪画面中移动的主体

转换自动对焦模式

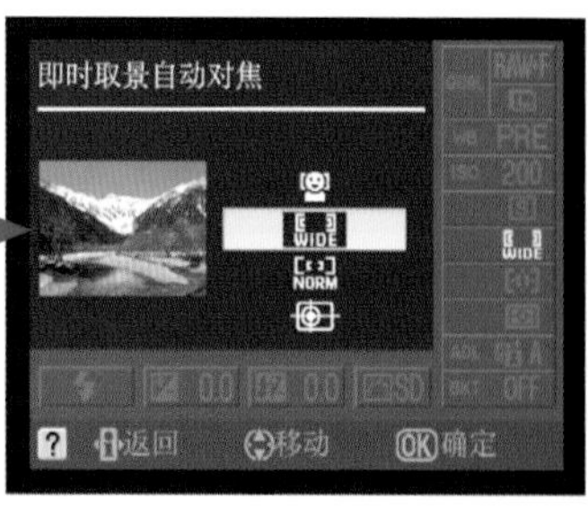

▲在Live View模式下，可以按下“i”按钮，并使用多重选择器选择各种自动对焦模式

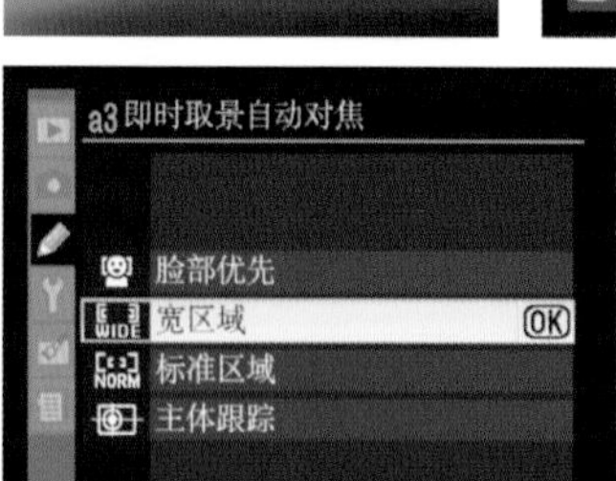

◀用户也可以通过个人设定a3（即时取景自动对焦）进行选择

即时取景的曝光控制

在Live View模式中，与平常一样可以使用P、S、A和M各种曝光模式进行曝光，也可进行快门和光圈的调整。此外，在P、S和A模式下，相机的曝光量也可以通过曝光补偿进行调整，用户只要按着+/-的曝光补偿按钮，再转动转盘作+5至-5级的曝光变化，作用就如平常拍摄时的曝光补偿一样。

▲按着+/-按键转动转盘就可改变曝光量

1/3200 F13 5.0

1/3 F13 5.0

▲可作最多+5～-5级的改动

测光集中于对焦框位置

在高光的位置

在暗的位置

在Live View拍摄模式下，相机基本采用矩阵测光，所以不用调整测光模式。不过，当进入Live View模式后，测光的比重就会集中于画面中对焦框的位置，当用户移动对焦框到不同位置，就会得到不同的曝光值。因此，只要把对焦框移到希望获得正确测光的主体位置，就能得到相机提供的曝光值，如有需要，可以进行曝光补偿。

画面显示方式

进入Live View模式后，用户可以对LCD的显示方式进行调节，包括隐藏指示器、取景网格和显示拍摄信息，其中取景网格有助于在拍摄风景时，确保画面水平。

正常

按下"info"按钮便可改变显示方式

取景网格

隐藏指示器

显示拍摄信息

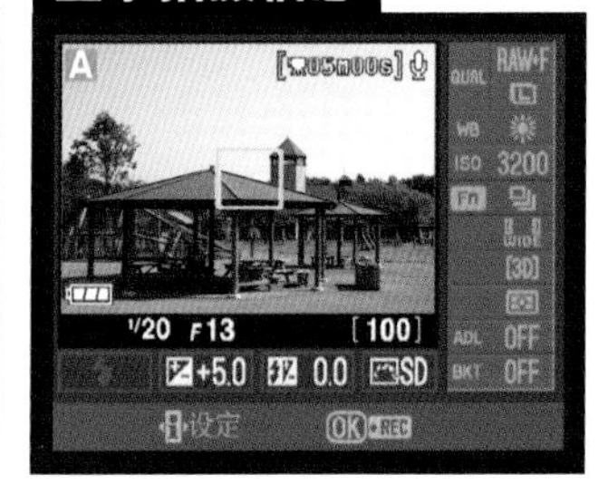

多角度转动LCD灵活拍摄

利用D5000的多角度转动LCD显示屏，用户可以轻松进行人像自拍、低角度及高角度的拍摄。

低角度拍摄

◀把相机接近地面构图

高角度拍摄

◀高举相机构图

人像自拍

◀屏幕显示出自拍的影像

一触即拍 认识相机 拍摄体验 菜单分析 扩充性能 影像处理 附录

D-Movie高清视频

“配合不同的Nikkor镜头，充分利用镜头的焦距及景深变化，拍出比一般小型数码摄录机更具电影感的高清影片！”

除了Live View功能外，Nikon D5000能拍摄出具有1 280像素x720像素高清格式的影片。虽然D5000的影片格式不是最高的分辨率，但已经比标清高了一截，在电脑或是现今普及的高清电视上观看时，都能看到高画质的效果。利用D5000拍摄影片，可以得到极具电影感的效果，D5000的影片为24fps，即画面每秒会刷新24帧，这也是电影胶片被认可接受的速率。而通过D5000的转动式显示屏，更可从不同角度拍摄影片。事实上，不少多媒体创作人都会利用D5000这类既可拍摄，又可拍片的数码单反相机作为创作工具，拍摄出具专业级水准的影片。

▶D5000可让用户体验高清拍片的乐趣，一机两用，轻松上路

各种主要数码视频格式

	HDTV高清		SDTV标清	
系统	1 080i	720p (D5000)	NTSC	PAL
有效扫描线数	1 125	750	525	625
水平线数	1 080	720	480	576
每线数	1 920/1 440	1 280	720	720
扫描方式	隔行(i)/逐行(p)	逐行(p)	隔行(Interlace Scanning)	
画面比例	16：9		4：3	

▲虽然D5000的拍片功能并不能完全与一部高清摄录机相比，但它已达到720p的高清摄录性能，只要配合不同的Nikkor镜头，例如超广角镜头、鱼眼镜头等，就能拍摄出不同镜头效果的影片，这些都是一般摄录机做不到的

逐行扫描PROGRESSIVE SCAN

如今数码影片的格式在后方都会有标示“p”或“i”，前者为Progressive Scan，而后者为Interlaced Scan，即“逐行扫描”和“隔行扫描”。“逐行扫描”是指画面刷新的方法为整个画面同一时间改变，因此画面的精细度会更高；而“隔行扫描”则是每次隔行刷新的画面，所以理论上对动态影像的表现较弱并且较易出现闪动情况。

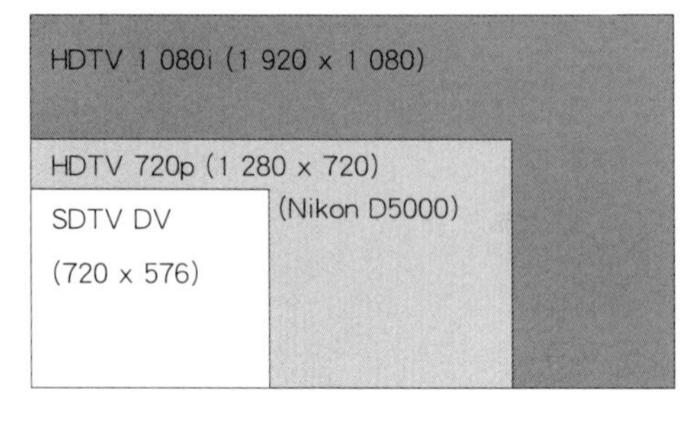

可拍AVI方便后期处理

数码摄影会进行后期处理，而影片制作也不例外。不过，有不少业余摄影师对拍片产生厌倦，甚至放弃的原因就是因为截取影片、转换格式和分享上的工序过于繁琐。其实，D5000在这方面已经考虑周到，只要愿意尝试，所拍的影片完全可以在不同的界面展示，而不仅限于在通过HDMI或Video Out连接后电视上才能观看，甚至可以亲自为影片进行剪接，过把导演瘾。因为D5000所拍摄的影片采用AVI(Audio-Video Interleave)记录格式，基本上大部分Windows及MAC电脑操作系统都能够支持AVI格式的影片。另外，大部分市面上有售的剪辑软件都能够处理AVI文件，再将其转换成不同媒体播放所需的影片格式。

每段影片所记录的AVI格式文件都包括音频和视频两部分，D5000的音频采用单声道11.025kHz 16bit的PCM音效，而视频方面则为1 280像素x720像素 24bit MJPEG压缩。

注意 AVI影片文件较大

使用D5000拍摄720p高清影片要留意，由于文件较大，每次最多拍摄2GB，大约5分钟。若想拍摄更长的影片，可使用其他影片模式，最长可达20分钟。

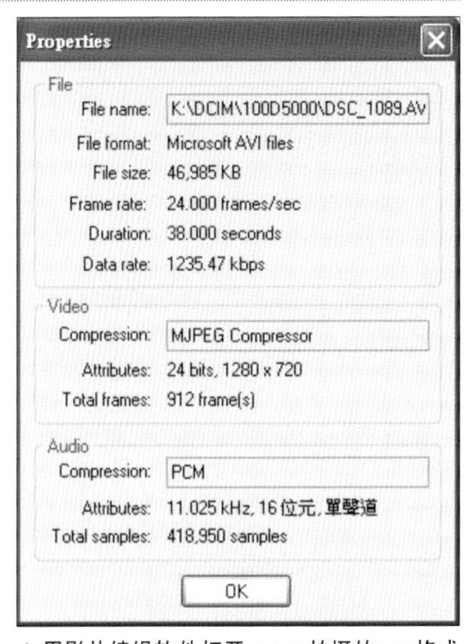

▲用影片编辑软件打开D5000拍摄的AVI格式文件，可见其比特率及影片信息

拍摄短片的操作

要操作D5000的拍片功能并不难，只需按下“Lv”按钮进入Live View模式，再按“OK”按钮便可拍摄。不过其中有不少技巧可以帮助用户将高清摄录功能发挥得淋漓尽致，以下就是相关介绍和示范。

开始拍片

开启Live View

▲按“Lv”按钮开启即时取景，反光镜升起，利用LCD取景

开始录影

▲按“OK”按钮开始进行影片拍摄

录影中

▲画面上方会显示录影的指示，右上方则显示可拍摄的剩余时间

结束录影

▲再按一下“OK”按钮便可停止录影

选择影片的格式

在拍摄影片之前，记得先把影片格式设定好，以免拍到的影片不合适。更改D5000的短片拍摄设定也非常简单，在“拍摄菜单”中进入“短片设定”，其中有“品质”和“声音”两个选项，前者用来更改影片的大小，而后者则用来设定录音与否。

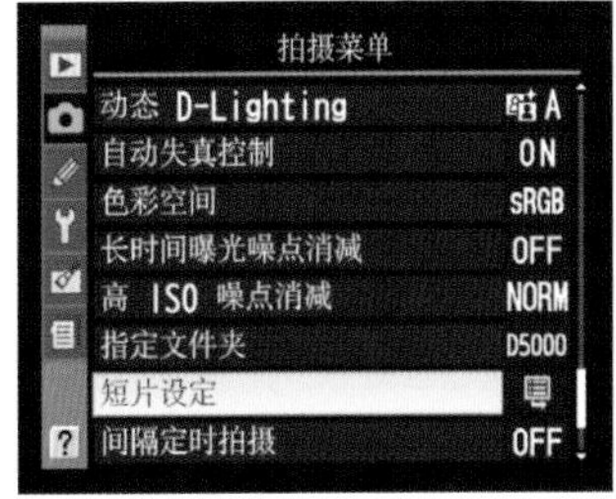

▲进入“拍摄菜单”的“短片设定”，可设定影片的大小和是否收录声音

▲短片设定中分别有“品质”和“声音”两种设定

▲在“品质”中可选择3种拍片分辨率，注意“1 280x720(16：9)”才是高清格式，可拍摄最长5分钟，而另外两个尺寸则较小，并非16：9的画面比例，可以拍摄长达20分钟

由于按“Lv”按钮进入可拍片的即时取景状态后，除了录音的指示外，不会显示拍片的格式和尺寸，因此在拍摄前应该先进入“拍摄菜单”中的“短片设定”项检查所设定的影片格式，即“品质”的设定是否适合。

16:9的比例

▲当选用了1 280像素x720像素的分辨率时，影片便会以16:9的比例拍摄，但大家只会在按下“OK”按钮时才会显示其比例（画面上下会有一条灰框遮挡，框内的画面才是最终16:9的影片效果）

对焦的设定

D5000在拍片时是没有自动对焦功能的，所以拍片时半按快门按钮也不会起任何作用。如果需要对焦，拍摄期间就要自行手动对焦，或是在拍摄前设定焦点。事实上，先调焦、后拍摄本来就是一种基本的影片拍摄手法，一直以来电影都是这样拍摄的；而调焦后又形成一个新的镜位，比如从清晰调至朦胧，又或者由朦胧调至清晰的镜位，这都是现今影片的常用手法，大家不妨试试。

拍片曝光控制

D5000在影片拍摄模式时，其测光方法与Live View模式一样，采用矩阵测光。而D5000在进行影片拍摄期间，并不能进行快门、光圈的调控，但用户可以在拍摄前进行曝光补偿。另外，利用曝光锁定功能也可令影片质量保持高水准，下面就为大家介绍。

拍片光圈控制

在配合现有的DX或FX系统等含CPU的AF或AF-S Nikkor镜头使用时，由于设计上D5000不能在拍片时缩小光圈，而且拍片时是全开光圈的，因此景深不能通过光圈的变化而改变，若要改变景深，最直接的方法就是改变焦距。更换镜头是D5000的优点之一，而一般数码摄录机不能换镜头，而且影像传感器太小，所以难以拍出具有浅景深效果的影片。

手动对焦须留意

现今大部分镜头都是变焦镜头，但由于设计上的需要，已经很少有镜头能做到焦点在变焦后可以保持不变，因此若想在拍片时变焦，就要留意焦点可能会改变，需要再次调整。

扭动变焦环要轻

由于手动对焦时需要转动对焦环，为避免影片出现严重的震动，建议慢慢地调整，最好还是使用三脚架。

▲使用对焦框，可局部放大进行调焦，不用担心单凭LCD来判断对焦位置是否准确

设定M模式

如果使用的是非AF-S或AF-I的自动对焦镜头，要把相机上的对焦模式调至M，以便进行手动调焦；若是AF-S镜头，也要把镜身的对焦模式调至M/A或M。

可放大微调

若不是在拍摄时进行调焦，而是在拍片前设定焦点，又想更准确地对焦，可以移动对焦框至想放大的位置，然后放大进行对焦。

锁定曝光 AE-L

与使用Live View模式一样，利用D5000拍片，当画面移动到不同的位置时，曝光就会根据各个位置亮度的不同而即时改变，这种自动的功能与大部分数码摄录机没有分别，若觉得这样会影响画面的连贯性，可以考虑使用曝光锁定功能。不过，平时使用曝光锁定时，用户需要用拇指按着AE-L/AF-L按钮后再构图拍摄，但在即时取景时拍片，这个操作方式就不适用了，好在D5000的设定已经提供了一个适合即时取景的曝光锁定方案。

做法是在“个人设定”菜单“f：控制”里的“f2：设定AE-L/AF-L按钮”中选择“AE锁定保持”，选定后，当在即时取景时按一下AE-L按钮便会锁定曝光，再按一下才会解除。

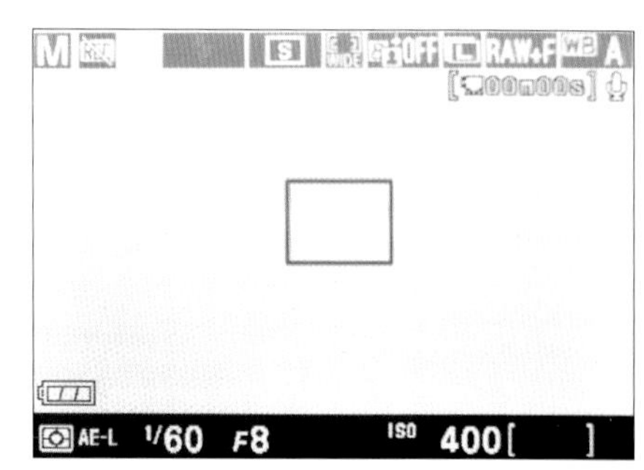

▲在即时取景时，一样可以锁定曝光，在画面左下会有指示，这能确保主体的颜色在移动时或现场其他光照变化时都不会令画面突然过亮或过暗

▲但在即时取景时，由于不能用原有的方式来锁定曝光，就要改用“AE锁定保持”的设定(“f2：设定AE-L/AF-L按钮”)

▲平时拍摄照片，无论是否用即时取景，要把曝光锁定，可以按着AE-L/AF-L按钮

一触即拍 认识相机 拍摄体验 菜单分析 扩充性能 影像处理 附录

使用D5000拍片注意事项

光源影响 —— 由于D5000的拍片功能不能作仔细的曝光快门调控，故在一些有闪烁光源的环境，如荧光灯、水银灯、钠灯下，会出现一些闪烁的横纹，建议改用一般灯泡或高频率的光源。

高速移动 —— 注意D5000在拍摄高速移动物体或手持拍摄需要快速移动相机时，有可能会令画面出现条带形的痕迹或变形，这是正常的。建议尽量使用三脚架固定相机拍摄，并尽量避免快速移动相机。在强光源下移动相机，也可能把高光位拖出光影。

避免强光 —— 即时取景拍摄时应避免把相机正对着太阳或其他强烈的光源，这会使强光聚焦产生大量热力，导致相机内部电路损坏。

使用时间 —— 因为D5000内置保护系统，可以避免因长时间开启即时取景而造成电路损坏，所以即时取景大约只适合使用1小时。当相机感应到内部过热时，会倒数30s自动关闭，以免对内部造成损坏。顺便提一下，当相机内温度较高时，也容易令影像产生更多噪点和出现异常的色彩。

存储卡空间 —— 当存储卡空间不足以录制短片时，便会出现不能拍摄短片的指示。

拆镜终止 —— 同样是为了保护相机，当拍片时把所使用的含CPU的镜头拆下来，相机便会立即终止拍摄。

▲当在荧光灯或有闪烁的光源下拍摄时，或会出现横纹

▲若不使用三脚架，画面很易出现抖动，尤其在使用长焦距镜头时，建议不要用手持方式拍摄，最好用三脚架，以减少画面的扭曲和变形

▲这个指示会在存储卡空间不足以拍摄短片时出现

可使用优化校准功能

D5000在拍片模式时，也可以使用优化校准功能，能拍摄出不同色调的影像，如黑白的影片等。

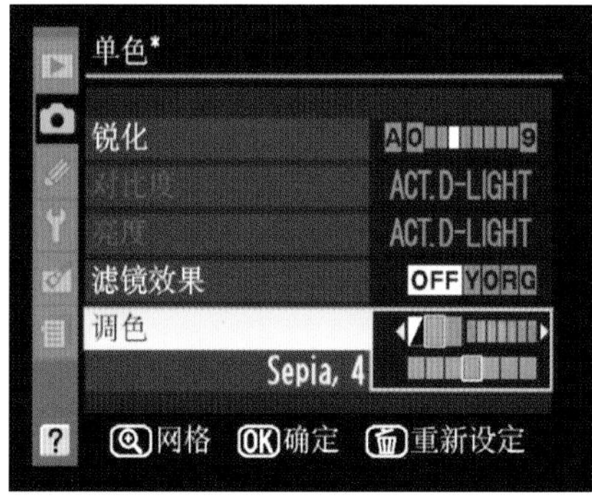

D5000播放影片

要播放影片相当容易，与照片播放没有太大分别，而在缩略图播放时，若是影片则会在左右两边加有孔格，以便识别。

▲在播放时，影片和照片会放在一起，影片有孔状的边以供识别

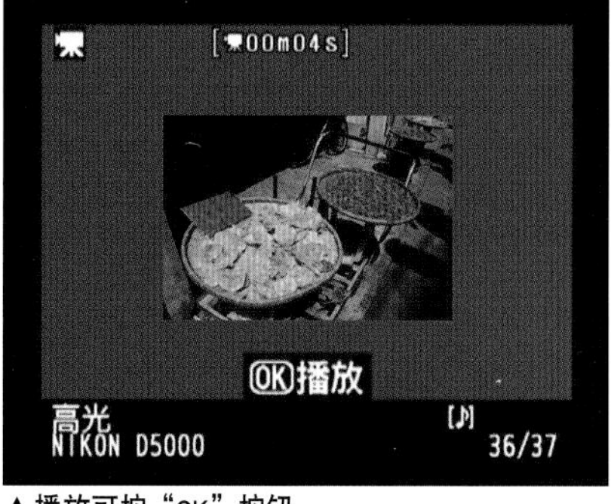

▲播放可按"OK"按钮

▲可暂停和快速前后搜画

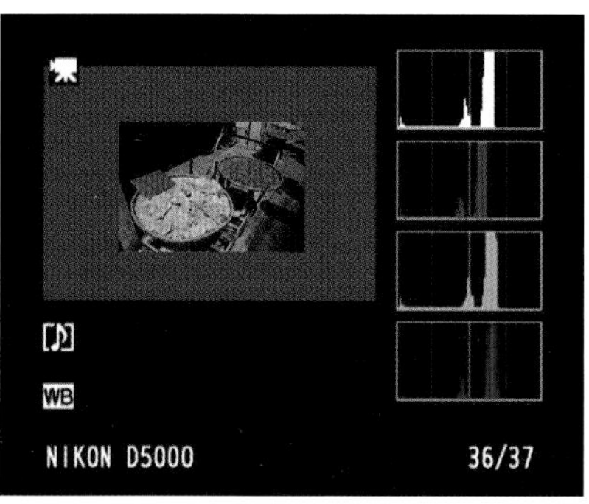

▲影片中的RGB直方图分布

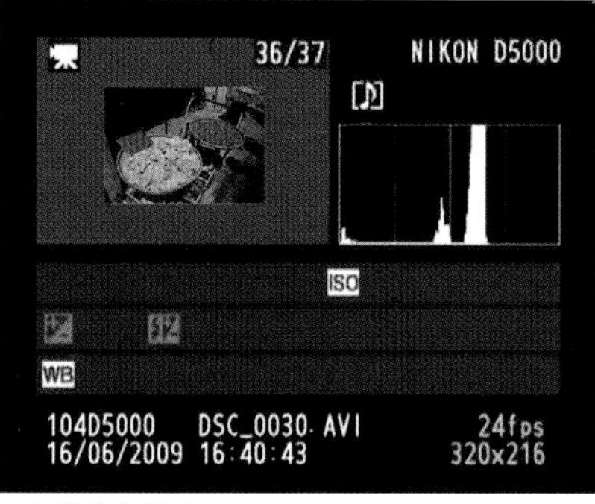

▲各种信息显示

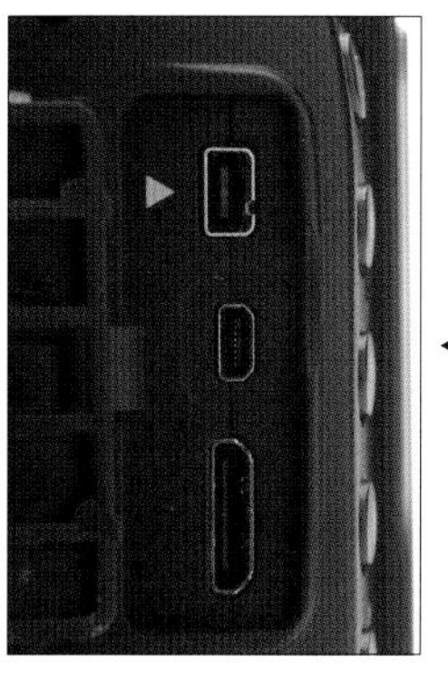

◀利用D5000上的HDMI接口，可以连接高清电视，无论观看所拍的照片、影片，还是用于即时取景，都会有更高质量

6个拍片TIPS

无论是要拍出好的短片，还是要制作一套精美剪辑的故事片，有许多方面需要留意，这些工具和技巧都会直接影响影片的质量，大家不妨作为参考，并进行多次尝试，拍出精彩的影片。

❶ 三脚架云台要合适

拍摄影片最忌讳的就是画面摇摆不定，若画面不时震动或摇摆，会令观众看得头昏脑胀，所以拍片极度讲求稳定性，因此，选择三脚架是十分重要的。习惯上，拍摄影片只是会有水平和横向的动作，所以一般都使用具有油压的云台，即无论Pan镜还是上/下、仰/俯的扫动画面都有一道不快不慢的缓冲云台，令画面不会出现突然脱轨蹦跳的感觉，更为自然流畅。

▲选择三脚架云台要选择有压力感调整的油压云台，才能令Pan(摆动)镜或Tilt(仰俯)镜头不徐不疾，画面才会更流畅自然

❷ 画面要水平

拍摄照片和影片最大的分别就是照片可以纵向或横向观看，但影片大部分都是横向来观看的，因此除非有特别需要，都应该用D5000横向来拍摄影片。由于通过电视机或电脑屏幕看片时，观众会很容易发现画面是否倾斜，尤其720p的16：9画面比例，因此在进行摄录时一定要保持画面水平。

在使用D5000拍片前，有两件事情需要准备，首先是开启取景网格，它可以帮助用户掌握画面中景物的水平线或垂直线，如海岸、地平线、建筑的线条等，以避免不自觉地拍出歪斜的画面；第二点就是调整三脚架，让相机真正处于水平，可以通过水平仪进行测量，如果三脚架上本来就有，就更好了，若没有，可以另购一个。

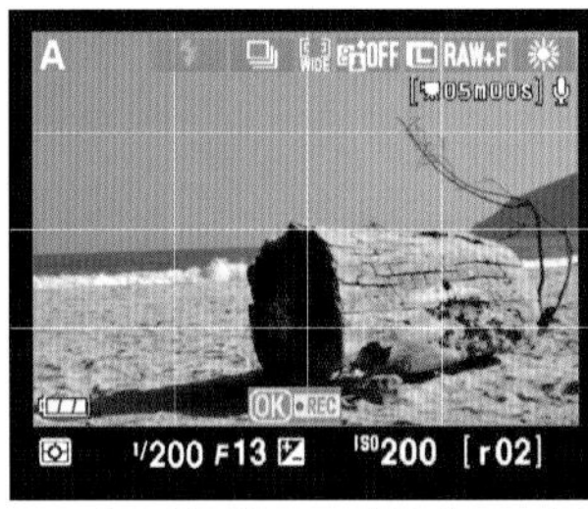

▲开启取景网格，可以通过画面中的线条掌握水平位置，如海岸线、建筑物线条等

▲通过水平仪，如三脚架上的水平珠，把相机设定至真正的水平

❸ 善用定焦镜头

虽然变焦镜头在短片拍摄时相当有用，但由于D5000不能在拍摄时作自动对焦，即使用Zoom镜头也不会即时对焦，因此很难在这方面获得放大或缩小的画面效果。若真的要用Zoom，除非能找到一支可以变焦后仍能维持焦点距离的镜头，否则就要同时练习变焦和对焦。因此，建议多运用定焦镜头来处理每个镜位。其实，当影片经过剪辑后，观众并不会因为看不到Zoom而感到拍摄效果不佳。

❹ 拍片时不应乱动相机

有了D5000的拍片功能，加上浅景深的影片效果，所得到的影片绝对可以媲美电影画面。不过，要拍出好的短片，有一点务必留意，那就是不要随便移动相机，以避免拍出那些业余级混乱的画面。从电影制作的角度而言，要先确定好一个镜位，并清断掌握这个镜位里面要发生的事，如是要Pan镜，那么就只适合在一个镜位里面Pan一次，避免用镜头不停追踪，然后上、下、左、右地摆动相机，这样会令观众感觉头晕目眩甚至因为无法看清楚而感到厌倦。

❺ 合适的录音

虽然D5000拍片时有录音功能，但留意手指或物件不要遮挡收音的麦克风。因为D5000不能外接话筒，这会令拍摄远景时无法同步接收到清楚的声音，建议大家单独录音，在后期剪接时再加上。

▲D5000在前方有麦克风，如需要记录现场声音，小心勿遮挡

❻ 每个镜位不宜太长

如果用户已掌握拍摄影片的操作，建议构思短片的故事，即使不在事后用软件剪辑，也可以尝试在拍摄时进行剪辑。方法就是好好掌握每个镜位的时间，以达到承上启下的目的，这才是电影故事表达的方式。大家不应长时间不停地拍摄，因为这样会令画面变化少，观看时很容易感觉单调无味。

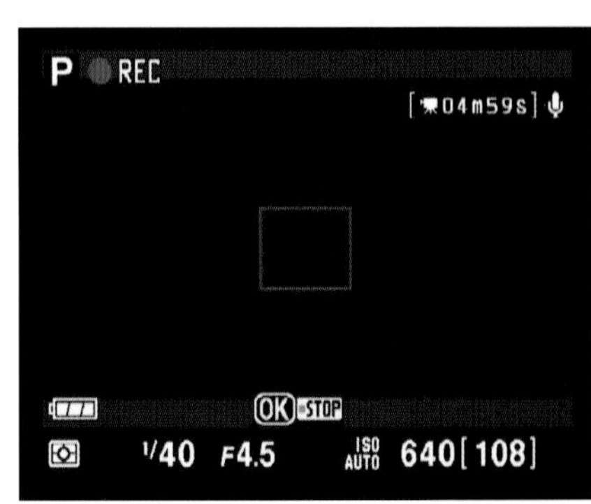

▲用D5000拍片时，虽然720p高清时每段只能有5分钟，但其实在电影拍摄上，以一个镜位计算，这已是很长的了，用户可在录影时留意所用的时间，避免拍摄过长的片段

D5000丰富菜单

Fine Tune相机的性能

善用D5000丰富的菜单，把各项设定调节至最适合自己拍摄的需要，从而把相机的性能发挥得更淋漓尽致。虽然D5000的设定和性能属于入门级，但其实了解D90和D40X的用户会发现D5000已比D40X强得多，甚至可以说是D90的简化版，所以D5000的菜单其实只比D90简化一点，很多重要性能设定，D5000都同样拥有，就如拍摄菜单中的“间隔定时拍摄”选项，连D90都是没有的，而且润饰菜单中还有多项新增的项目，都能够帮助D5000扩展拍摄的弹性。

Nikon D5000菜单总览

播放菜单

P61

- 删除
- 播放文件夹
- 显示模式
- 影像查看
- 旋转画面至竖直方向
- 幻灯播放
- 打印设定(DPOF)

拍摄菜单

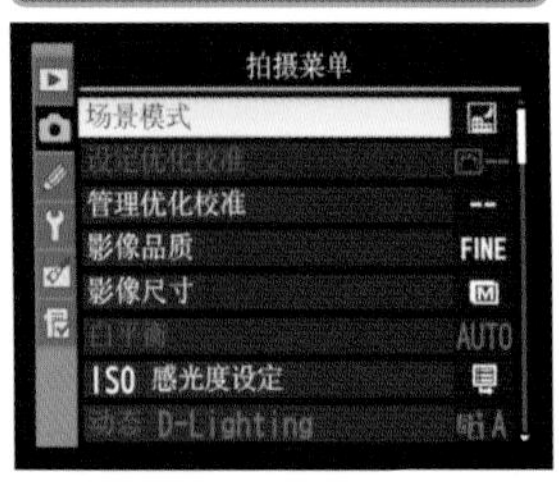

P63

- 场景模式
- 设定优化校准
- 管理优化校准
- 影像品质
- 影像尺寸
- 白平衡
- ISO感光度设定
- 动态D-Lighting
- 自动失真控制
- 色彩空间
- 长时间曝光噪点消减
- 高ISO噪点消减
- 指定文件夹
- 短片设定
- 间隔定时拍摄

个人设定菜单

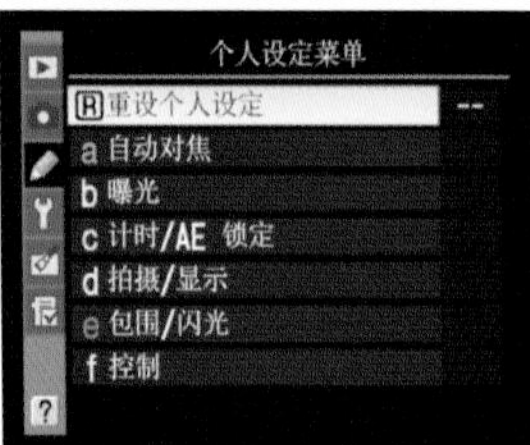

P69

- [R]重设个人设定
- a 自动对焦
  - a1 AF区域模式
  - a2 内置自动对焦辅助照明灯
  - a3 即时取景自动对焦
  - a4 测距器
- b 曝光
  - b1曝光控制EV步长
- c 计时器/AE锁定
  - c1 快门释放按钮AE-L
  - c2 自动关闭延迟
  - c3 自拍
  - c4 遥控持续时间
- d 拍摄/显示
  - d1 蜂鸣音
  - d2 取景器网格显示
  - d3 ISO显示
  - d4 文件编号次序
  - d5 曝光延迟模式
  - d6 日期打印
  - d7 即时取景显示选项
- e 包围/闪光
  - e1 内置闪光灯闪光控制
  - e2 自动包围曝光设定
- f 控制
  - f1 指定自拍/Fn按钮
  - f2 设定AE-L/AF-L按钮
  - f3 反向拨盘旋转
  - f4 无存储卡时锁定快门
  - f5 反转指示器

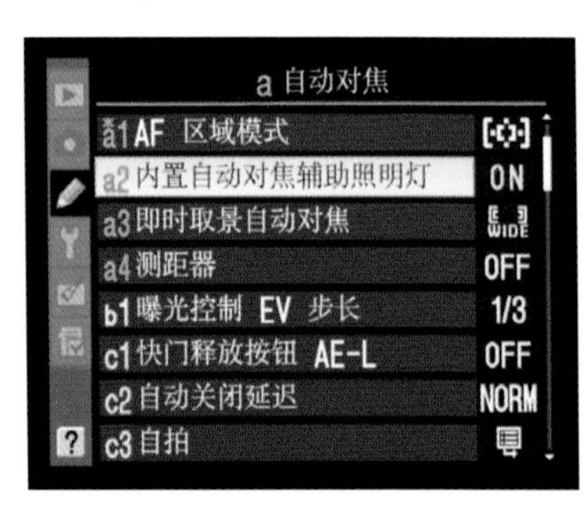

设定菜单

P75

- 格式化存储卡
- LCD显示屏亮度
- 信息显示格式
- 自动信息显示
- 信息循环
- 清洁影像感应器
- 向上锁定反光板以便清洁
- 视频模式
- HDMI
- 时区和日期
- 语言(Language)
- 影像注释
- 自动旋转影像
- 影像除尘参照图
- GPS
- Eye-Fi上载
- 固件版本

修饰菜单

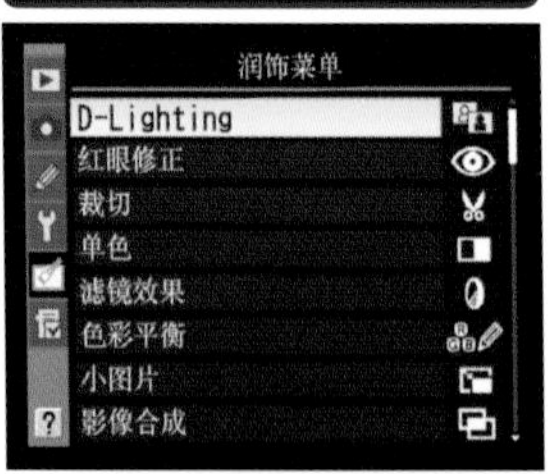

P78

- D-Lighting
- 红眼校正
- 裁切
- 单色
- 滤镜效果
- 色彩平衡
- 小图片
- 影像合成
- NEF (RAW)处理
- 快速润饰
- 矫正
- 失真控制
- 鱼眼
- 色彩轮廓
- 透视控制
- 超炫动画短片
- 并排比较

我的菜单/最近的设定

P81

- 添加项目
- 删除项目
- 为项目排列
- 选择标签

播放菜单

“共有7个可选择的项目，以便用户设定播放照片或影片时的功能，包括重看影像时的信息格式、进行幻灯片播放及配合打印机直接打印等。”

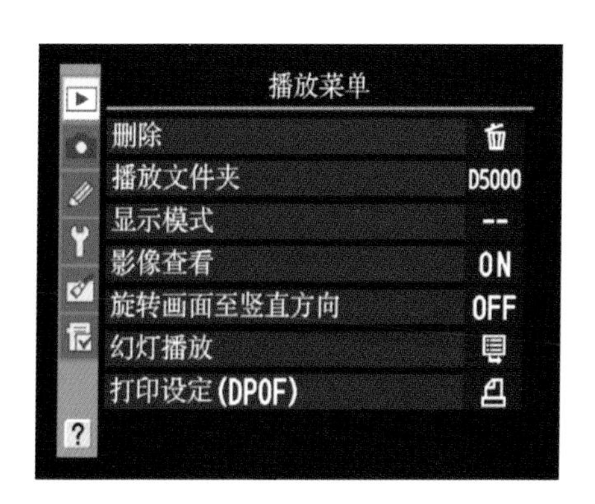

删除

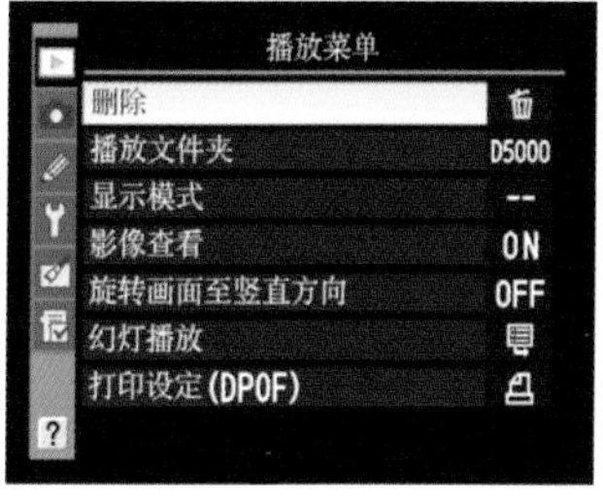

近来，由于存储卡的容量越来越大，一张8GB或16GB的存储卡可以用上一段不短的时间，但有时可能会出现还没来得及把照片下载，而存储卡已经满卡的情况，这时最好的办法就是删除。D5000的“删除”功能也有相应的高级功能，用户除了可以一次将全部照片删除外，还可以把选中的照片或影片单独删除，尤其是一些拍摄失败或者效果不佳的照片，以便于释放出更多存储卡空间继续进行拍摄。在选择删除时，包括“所选影像”和“选择日期”两项，前者是进入缩略图逐一选择需要删除的照片；后者是按拍摄日期进行删除，比如之前拍摄生日派对的照片已经下载到电脑存储，就可以用此方法快速删除。删除照片其实是件相当有风险的事，建议每次删除一张照片，如果一次删除多张，很容易错误删除需要的作品。另外，用户也可以配合照片的保护功能，把不想被删除的照片加以保护，这样确保了不会删错。若想尽快把存储卡里的影像和信息全部删除，建议直接格式化。

▲可选择不同拍摄日期的照片一次删除

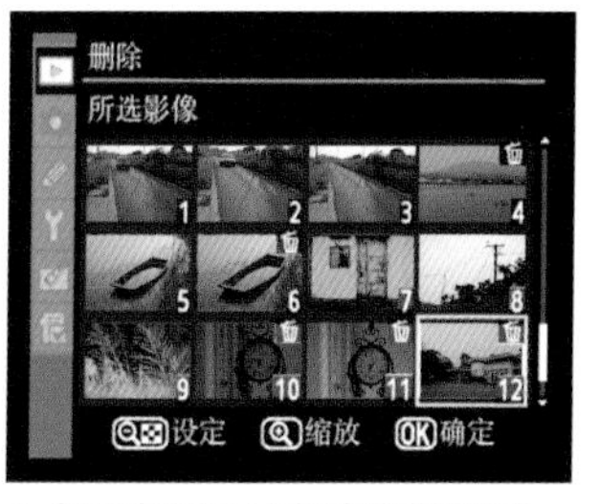

▲也可对影像逐个挑选并进行删除

显示模式

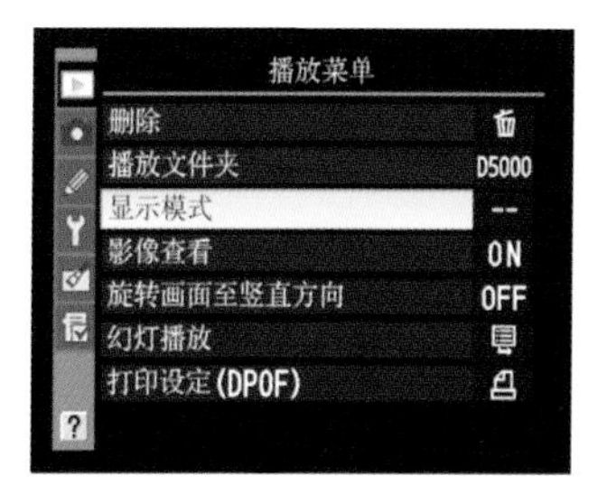

在播放每个影像时，D5000的显示模式中有不同的拍摄信息，包括“高亮显示”、“RGB直方图”和“数据”，是否需要显示这些拍摄信息，就需要用户在此选项中进行选择和确认。“高亮显示”就是将照片过度曝光导致的极光亮的部分，以黑白闪烁形式显示出来，让摄影师对照片过度曝光的情况一目了然；“RGB直方图”就是将R、G、B的直方图独立显示出来，帮助判断照片的曝光和色彩平衡；“数据”则是将相机的设定，例如测光、曝光、焦距、白平衡等显示出来。由于以上信息都对摄影师十分重要，不妨将所有项目一并选择。

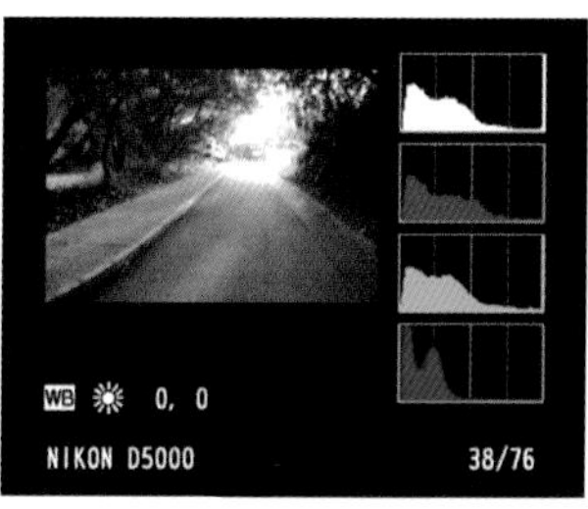

▲RGB直方图及各种显示

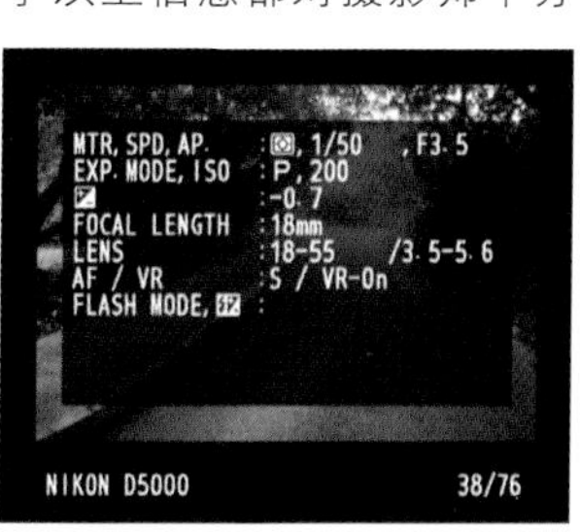

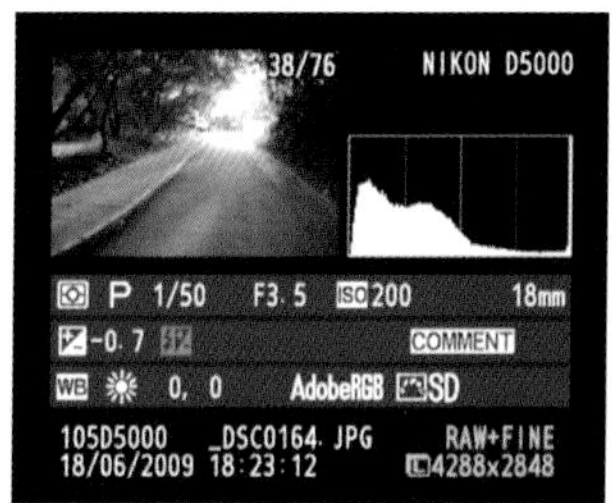

一触即拍
认识相机
拍摄体验
菜单分析
扩充性能
影像处理
附录

▶播放文件夹

在这个菜单中，用户可以设定D5000播放照片或影片的文件夹，原厂预设的选项是“当前”。在此选项下，D5000所播放的照片会位于“拍摄菜单”的“指定文件夹”所设定的文件夹中。另外一个选项是播放“全部”照片，也就是说，D5000会显示存储卡内所有文件夹的照片或影片。在播放时，大部分人都希望能看到存储卡中所有的影像，除非有特别需要指定播放某个文件夹的照片，否则建议用户设定播放所有文件夹，这样会更为方便，避免出现找不到想要的照片的情况。

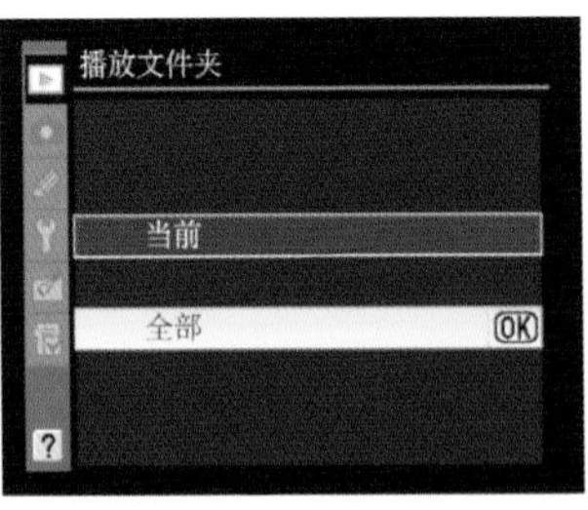

▲用户当然也可选择指定名称的文件夹，但应先在拍摄菜单中的“指定文件夹”选项中设定好，也可以新增自己命名的文件夹。但建议尽量把这个项目先选为“全部”，以免因为没有显示的文件夹中的照片，会被误以为不存在，容易被意外删掉

▶旋转画面至竖直方向

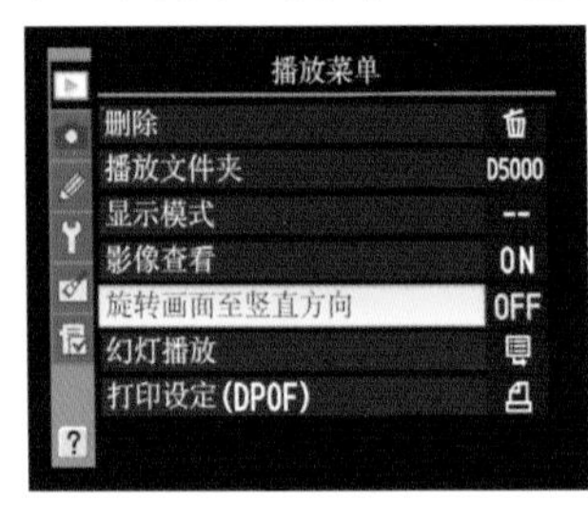

这个设定的默认状态是“关闭”，建议保持开启，开启之后，每次显示纵向拍摄的照片(即拍摄时相机向左或向右旋转90°时)，相机都会自动在播放照片时旋转，方便摄影师查看照片。但需要注意，必须在“设定菜单”中先启动“自动旋转影像”，否则相机不会感测是否进行了纵向拍摄。这是针对纵向(Portrait)拍摄需要而设计的，一般对正常横向(Landscape)照片则没有影响。

▶影像查看

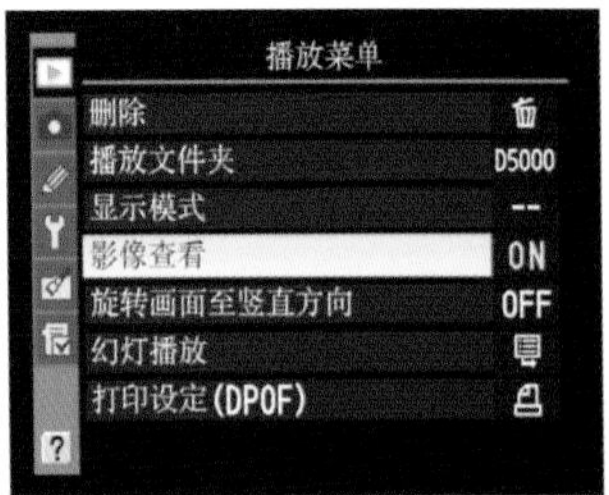

这个“影像查看”选项的默认状态是“开启”，D5000在每次拍摄完成后，将会自动即时播放照片；如选择“关闭”，相机则只可以通过机身背面的播放照片按钮显示拍摄的照片，一般情况下建议用户设定为“开启”。

◀若不开启，每次拍摄完都要按播放按钮来查看照片

▶幻灯播放

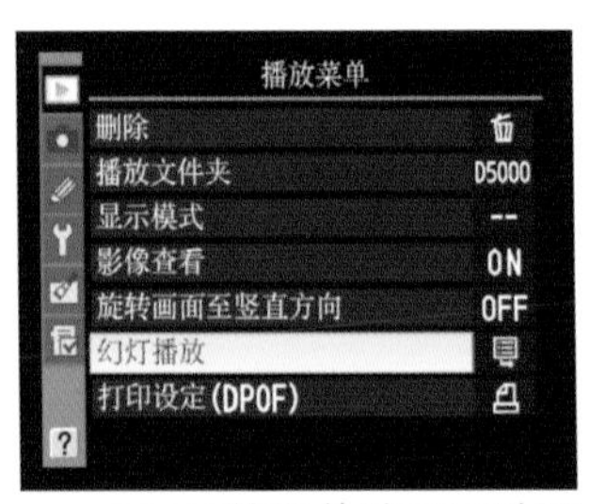

D5000的照片除了可以逐张细看外，还可配合这个功能进行幻灯片式的播放，可以播放选用的文件夹中的每张照片。使用方法很简单，在“幻灯播放”项目中选择“开始”，按“OK”按钮便可以进行即时播放，再按“OK”则可暂停；使用上、下方向键也可以显示照片的其他信息，而左、右键则可快速跳至前一张或后一张照片。在这项功能下选择“画面的间隔”就可选择播放时相邻照片的时间间距，有2s、3s、5s和10s共4种选择。

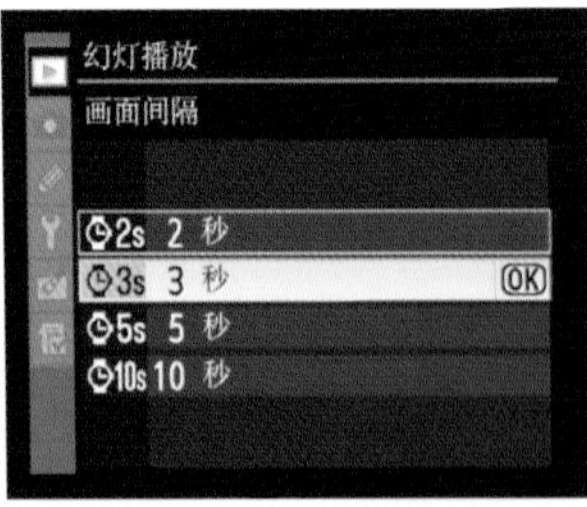

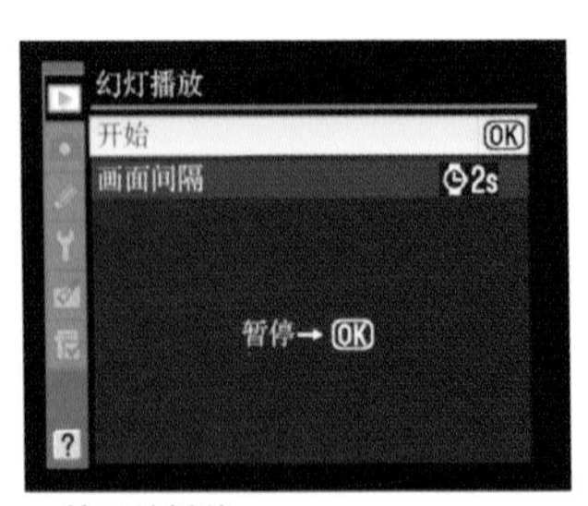

▲按开始播放

▲播放完毕后的画面

▶打印设定(DPOF)

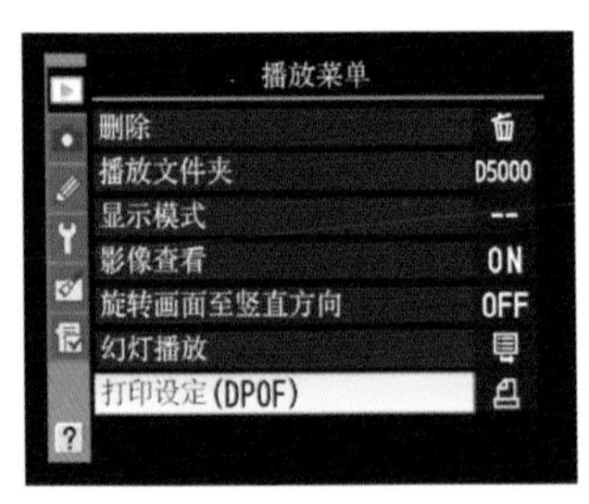

在这个设定中，用户可以选择将要播放的照片，利用支持PictBridge和DPOF的器材将其打印出来。在“选择/设定”中可逐张挑选照片并设定打印张数，即便选择后也可设定是否需要加印拍摄信息或日期，最后按“完成”按钮便可把这些DPOF的“打印指令”存储，之后用USB连接PictBridge的打印设备，选择“打印(DPOF)”便可以把设定的打印指令执行。如果要把这些设定全部取消，可选择“取消全部选择？”，以确定将所有影像打印标记移除。

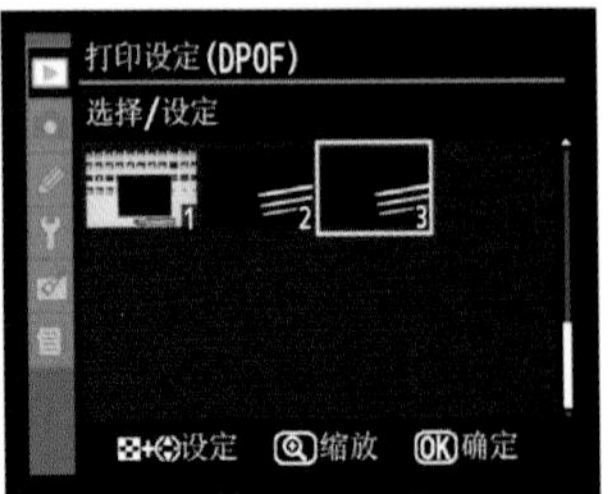

▲进入“选择/设定”，每张照片可以设定打印张数

拍摄菜单

“D5000共有15种选项来调控拍摄的设定，包括基本的影像尺寸、白平衡、感光度等，可以帮助用户细致地调节拍摄时的画质效果，非常有用！”

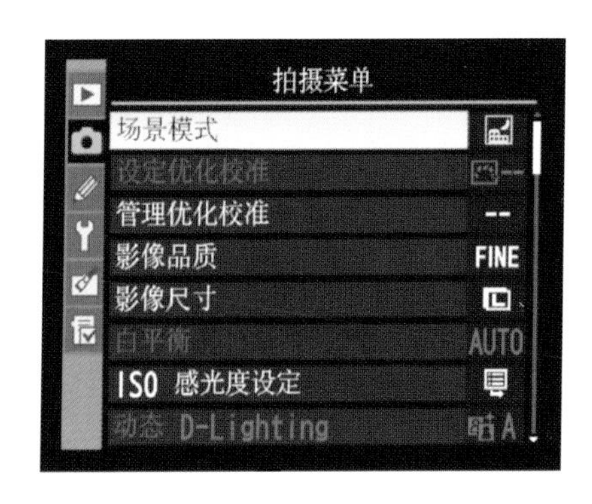

场景模式

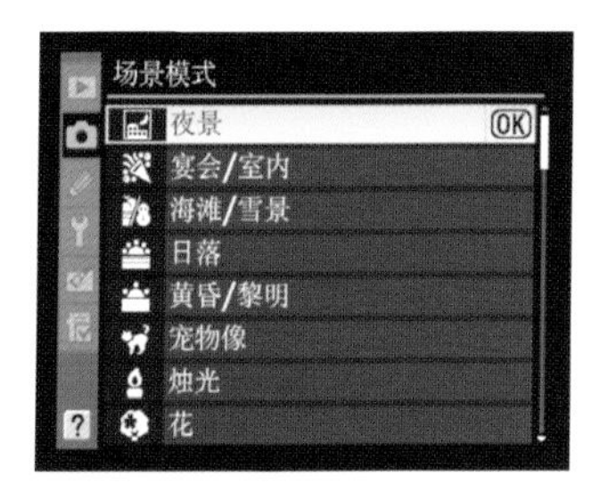

D5000除了在模式拨盘上可选择6种场景模式(人像、风景、儿童照、运动、近摄和夜间人像)外，当模式拨盘调拨至“SCENE”时，转动指令拨盘，还可转换至其余13个场景模式进行拍摄。用户也可以在这个拍摄菜单中设定模式拨盘在SCENE时的场景模式，相机出厂时的默认设定为“夜景”。在各个场景模式下，用户可以按机身背面的“?”按钮来显示相关模式的说明提示，以确定是否适合所处的拍摄场景。这些场景模式是根据个别不同的拍摄场合或主体特别设计的，让用户更容易拍摄到满意的作品。但在这些模式下，由于主要都是由相机自动进行拍摄的，因此有些拍摄设定是不可以随意改动的，如白平衡、测光模式和曝光补偿等。有关各种场景模式的拍摄实际应用，可参考本书的第15页。

各种场景模式

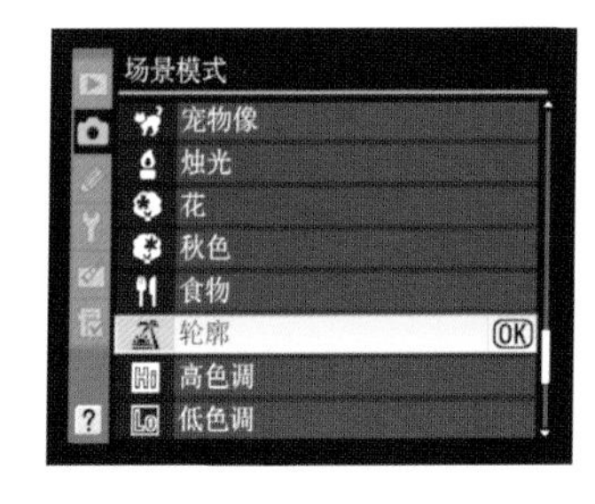

管理优化校准

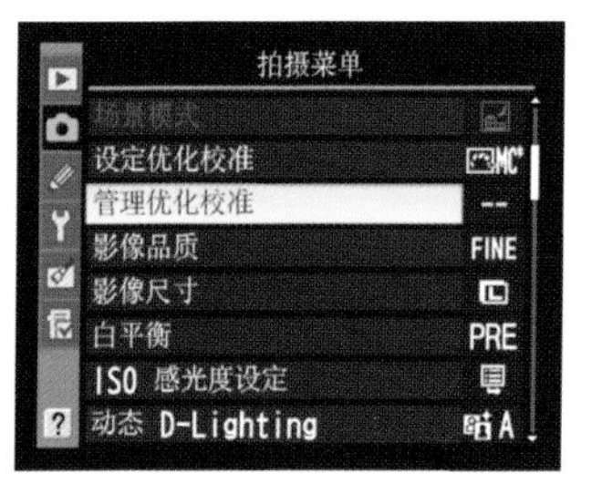

除了D5000中预设的6个“优化校准”设定外，还可以把这些“优化校准”调整设定后改名并另存。例如，把原有的LS（风景）改变其锐化、对比度、亮度、饱和度等选项，再另存为一个新的“优化校准”，相机会自动用LANDSCAPE加编号作为新名称，用户也可以自行进行更改。用户可以把相机的“优化校准”保存在存储卡中，方便转存至另一部D5000相机中，或者兼容“优化校准”的相机上，如Nikon D90，那么便可以把自己设定的“优化校准”与朋友共享。Nikon也在不断推出新的“优化校准”设定供用户下载，通过这项功能可以将Nikon新增的“优化校准”加入D5000中。

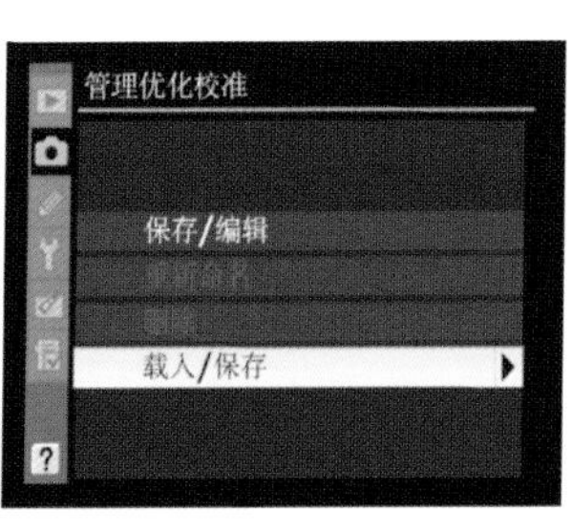

▲“载入/保存”一项可以把“优化校准”转至存储卡或从存储卡载入

项目	说明
保存/编辑	挑选一个“优化校准”进行调整，保存为C1～C9中的一个，用户也可以自己改名
重新命名	可以为已设定的“优化校准”C1～C9命名
删除	可以挑选优化校准删除
载入/保存	可以把新增的“优化校准”转存到存储卡中，又或者将其他相机中的甚至下载的“优化校准”载入相机中

▶设定优化校准

在P、S、A及M曝光模式下，D5000用户还可以对照片的各种品质和效果进行修改，令创作更有弹性，这些均可以在调选项目丰富的“设定优化校准”中设定。Nikon D5000继承了以往型号的性能，在“设定优化校准”的功能上还有多达6种预设的“优化校准”供选择，包括SD（标准）、NL（自然）、VI（鲜艳）、MC（单色）、PT（人像）和LS（风景）。除此之外，还可以利用D5000“管理优化校准”自行设定多达9个“优化校准”设定(C1～C9)，并可以进行保存和载入，可以与其他人分享设定，或者在另一部Nikon相机上采用相同的设定，如另一部支持“优化标准”的D5000或是D90。

而设定“优化校准”最大的好处是可以让相机拍摄出不同效果的照片，包括不同色彩、层次、反差、锐利度等，这样用户便可以按照不同的拍摄目标，选用自己喜爱或更适合主题的“优化校准”，并可以在原厂预设的“优化校准”基础上再进行细微的调节，使影像更迎合需要。D5000所提供的快速调整项目，分别是锐化、对比度、亮度、饱和度及色相等，但要注意，如果使用了动态D-Lighting功能，相机会把对比度和亮度两项交由动态D-Lighting控制，不可以再自行设定，否则就需要先关闭D-Lighting的功能。事实上，这些调节并没有一定准则，用户可根据喜好进行调整，然而，不同的影像调整将会使拍摄的照片产生不同的效果，如果没有太大的需要，建议不要进行太多个别的调整，因为相机的预设设定基本已经足够了。

至于选择方面，一般拍摄或需要进行较多后期制作的拍摄，建议用户使用SD(标准)；NL(自然)若用于一般拍摄会显得淡然无味，但后期处理幅度可能较大或拍摄影调较平淡的照片时可以使用；而喜欢拍摄黑白效果的用户，MC(单色)是最值得一试的，尤其使用不同颜色的滤镜，以提升不同主体的色调效果，就好像传统黑白摄影一般。另外，如果使用RAW(NEF)，这些设定可以在后期再作修改，而使用JPEG就不可以，因此想要多点弹性，可使用RAW+JPEG，JPEG则用于快速查看照片效果。

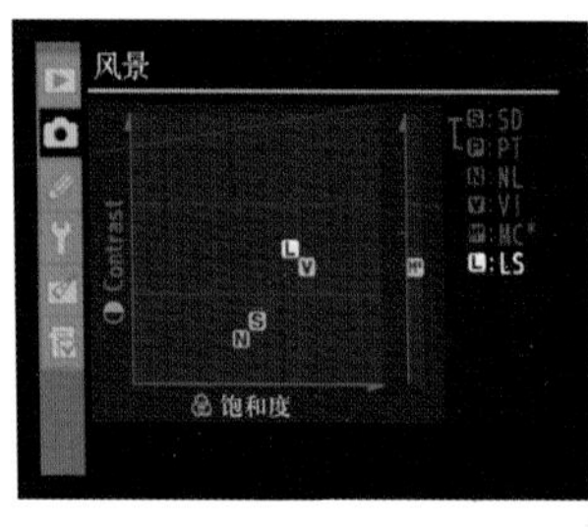

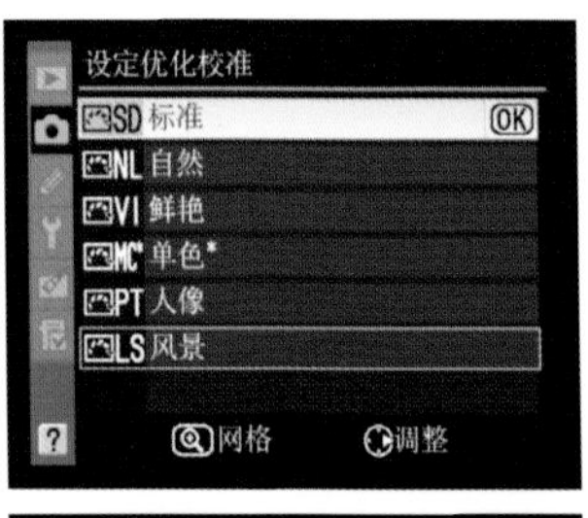

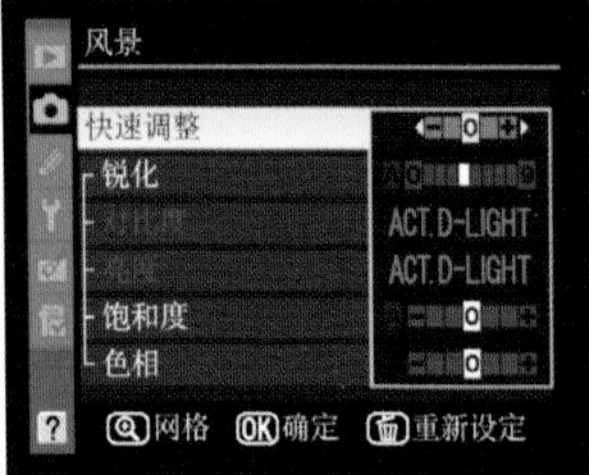

预设6种“优化校准”

选项	特点及建议
SD（标准）	反差和色彩比较自然，是D5000的标准设定，可以获得各方面相对都较均衡的影像效果。由于适合大多数情况使用，建议一般拍摄默认此设定
NL（自然）	因为此调控设定下作了最少的影像处理，故拍摄的影像无论饱和度、对比度都是最低的，所以称之为自然。虽然影像效果看起来较淡并欠缺色调，但适合人像或平实自然的拍摄题材。使用该模式拍摄的照片也适合后期进行修改和处理
VI（鲜艳）	当需要强调照片色彩时，如拍摄风景，可以用这个饱和度是“优化校准”中最强的VI(鲜艳)设定，其反差也较SD（标准）和NL（自然）强。如果用户要拍摄一些即拍即用的影像，特别是用于网上展示，这个选择是不错的
MC（单色）	用于拍摄黑白照片。建议喜欢拍摄黑白效果的朋友，最好在后期制作时才把影像由彩色转为黑白，这样会获得较佳的控制，除非没有时间进行后期制作，需要即拍即用的黑白影像时，才使用MC（单色）的设定
PT（人像）	色彩表现较接近SD（标准），效果较自然，对重现嫩滑润泽的皮肤较佳；其反差适中，色彩平衡的特点适合人像拍摄
LS（风景）	色彩饱和度仅次于VI（鲜艳）模式，但对比度比VI（鲜艳）更强，所以使用这个模式拍摄的照片，色彩鲜艳，反差充足，照片鲜明锐利，适合风景拍摄

▶影像尺寸

D5000是具有1 230万有效像素的数码单反相机，拍摄时用最高分辨率当然是最好的，但相机仍然提供了3种“影像尺寸”，分别有大(4 288像素x2 848像素)、中(3 216像素x2 136像素)和小(2 144像素x1 424像素)，即分别约1 220万像素、690万像素和310万像素。建议用大(4 288像素x2 848像素)文件，否则只会浪费相机的质量，所以没有必要在拍摄途中把“影像尺寸”换来换去，直接拍摄最大的文件就行了。如果真的需要较小的文件，比如用于网站上的照片，那用小一点的“影像尺寸”也无妨。但是一般用户最好使用最大的“影像尺寸”来拍摄，到后期制作时再利用软件调小影像。除了在拍摄菜单中可以更改变影像尺寸外，在信息显示画面，按“信息编辑”按键时也可以对影像尺寸进行调整，同时选用不同的“影像品质”，会即时显示存储卡当前能存储的照片张数。

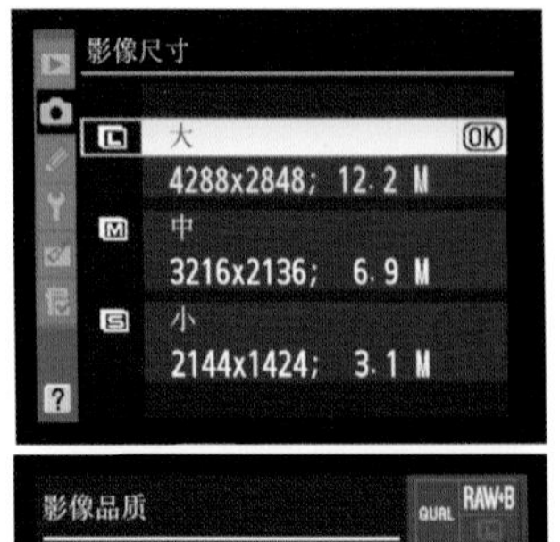

▶仿传统黑白滤镜

在MC(单色)设定中，影像的设定除了快速调整、锐化、对比度、亮度外，还有模拟传统黑白滤镜。用户可以选择“OFF”关闭滤镜效果，以及可以选择“Y”黄色滤镜效果、“O”橙色滤镜效果和“R”红色滤镜效果、“G”绿色滤镜效果。

"Y"滤镜效果适合拍摄人像或绝大部分黑白题材的照片；“O”橙色滤镜效果适合拍摄肤色要求较白的人像，以及反差略高的一般风景；而“R”红镜效果是一个反差非常强烈的滤镜，可以把蓝天拍摄成黑色，或者把绿色的树叶拍摄成极深的颜色，类似红外线影像的效果；“G”绿镜最适宜拍摄需要表现较深肤色的人像，提供较健康的肤色，嘴唇的颜色也会变深。

此外，MC（单色）也可调选色调，除净黑白外，还提供了其他9种不同的色调效果，分别是棕褐色、冷调蓝色、红色、黄色、绿色、蓝绿色、蓝色、紫蓝色、红紫色等，而各色调还可以作7级不同深浅度的设定，适合制作双色的影像效果。虽然这个单色照片选择是如此多姿多采，但还是建议喜欢拍摄黑白影像的朋友，最好是在后期制作中才把彩色影像转为黑白，以免在拍摄时就限定了黑白影像的个别色彩倾向。

SD（标准）

NL（自然）

VI（鲜艳）

MC（单色）

PT（人像）

LS（风景）

多种调整设定

	选项	调整设定
	快速调整	可在SD（标准）、VI（鲜艳）、PT（人像）和LS（风景）中用到，设定方面，可以在-2～+2之间选择不同的程度，每次设定都会整体地改变“优化校准”的选项，也会重设所有手动调整项目，包括锐化、对比度等
手动调整	锐化	可以调整照片的锐度，可选A（自动设定）或0～9（手动设定），适合按照场景的类型调整锐化的程度，其中0～9共10个设定，数字越大，锐化程度也就越强、越明显
手动调整	对比度	如果要控制照片对比度，可选择调整此项。A（自动设定）可让相机根据场景类型而自动调整对比度；也可以使用手动设定，从-3～+3进行选择，数字越大，对比度越强，如果使用了D-Lighting功能，此项目就不能进行手动控制
手动调整	亮度	可以选择-1来降低亮度，+1则增加亮度，这个设定不会影响照片的曝光。此外，若开启了D-Lighting功能，也不可以进行手动设定
手动调整	饱和度	控制色彩的鲜艳度，选择A可根据场景类型自动调整，手动设定则可在-3～+3间调整，数字越大，饱和度越强
手动调整	色相	这是用于调整照片的色彩偏向，当选择负值时，照片会使红色偏紫，蓝色偏绿，绿色偏黄；而选择正值时，则使红色偏橙，绿色偏蓝，蓝色偏紫
仅限于单色	滤镜效果	模拟色彩滤镜是单色照片设定效果的项目，可以从OFF(默认设定)、黄色、橙色、红色及绿色中进行选择
仅限于单色	色调	当设定了单色后，用户还可以添加一些特别的色调，包括提供的9种不同染色效果，分别有棕褐色、冷调蓝色、红色、黄色、绿色、蓝绿色、蓝色、紫蓝色和红紫色

注意：对比度和亮度在开启了动态D-Lighting时便不能进行手动调整。

▶影像品质

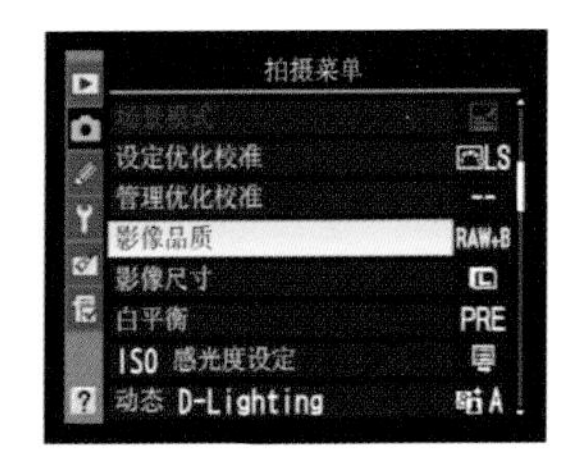

这项设定最能影响作品品质的好坏，所以必须要谨慎选择，尤其当打算只用JPEG作为照片的保存格式时。D5000有多达7种的影像品质选项，包括NEF(RAW)+JPEG精细，NEF(RAW)+JPEG标准、NEF(RAW)+JPEG基本、NEF(RAW)、JPEG精细、JPEG标准和JPEG基本。NEF(RAW)是12位原始信息，而3种JPEG分别是压缩比为1：4、1：8和1：16的8位影像文件。

对大多数摄影人来讲，使用JPEG精细一挡已经足够，如果要求更高的话，又想之后可以作较大程度的影像修正，可以选择拍摄NEF(RAW)+JPEG精细或者NEF(RAW)+JPEG标准的影像品质。如果选择用NEF(RAW)一项，由于不能进行JPEG文件的预览，因此在电脑上浏览时可能需要特殊的软件来帮助。

影像品质比较

原片

JPEG精细(1：4压缩率)

JPEG标准(1：8压缩率)

JPEG基本(1：16压缩率)

白平衡

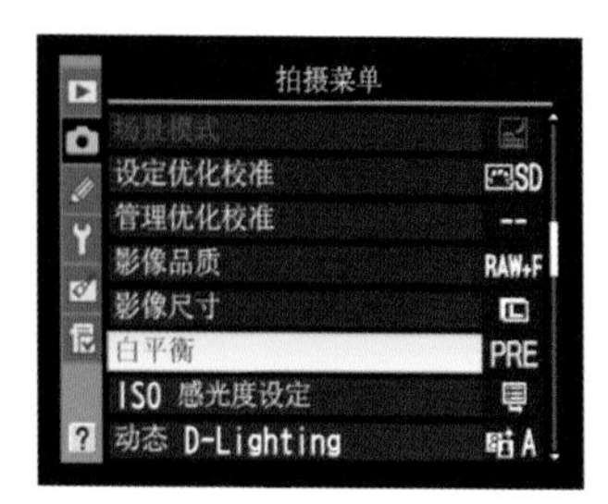

在不同的光源下可能会有不同的色调偏差，这是因为光源的色温不同，拍摄时可以使用白平衡（White Balance）选项来纠正。Nikon D5000提供了8种白平衡选择，除AUTO自动和PRE手动预设外，还有6种预设白平衡，包括：白炽灯、荧光灯(备有7种色温光源选择)、直射阳光、闪光灯、阴天和阴影，全部都可以在拍摄菜单里调选。要自行选择白平衡必须在P、S、A和M的曝光模式下进行，若使用SCENE（场景）模式，白平衡则由D5000自动控制。

大部分的拍摄情况或者随意的Snapshot，选择自动白平衡是比较可取的方法，而且自动白平衡与其他白平衡设定一样也提供偏色微调，可以设定相机的色彩倾向。在白平衡画面中设有一个有不同色彩的矩阵方格，用方向键移动坐标就可以改变色彩偏向，向上是绿色，向下是洋红，向右是琥珀色，向左则为蓝色。然而，这些色彩偏移难以掌握，如果要求更佳的白平衡，应该使用手动预设，这样可以获得较准确的白平衡。手动预设分为“测量”和“使用照片”两项，前者可以即时拍摄测量，后者则可以复制之前拍摄的照片的白平衡值。

如果摄影师对光源有较大的把握，例如清楚拍摄场地有稳定的固定光源，则可选择特定的白平衡模式，包括白炽灯（即是钨丝灯泡）、荧光灯（即是不同色温的荧光灯）、直射阳光（即白天的阳光）、闪光灯、阴天和阴影（在晴朗的日子阳光照射不到的遮荫位置），这些选项都可作微调色彩偏向。比较特别的是，荧光灯设定里还包括7个小选项，包括“钠灯”、“暖白色荧光灯”、“白色荧光灯”、“冷白色荧光灯”、“日光白色荧光灯”、“日光色荧光灯”和“高色温汞灯”，和其他预设白平衡一样，它们均有特定的相应色温，数值可参考右上表。

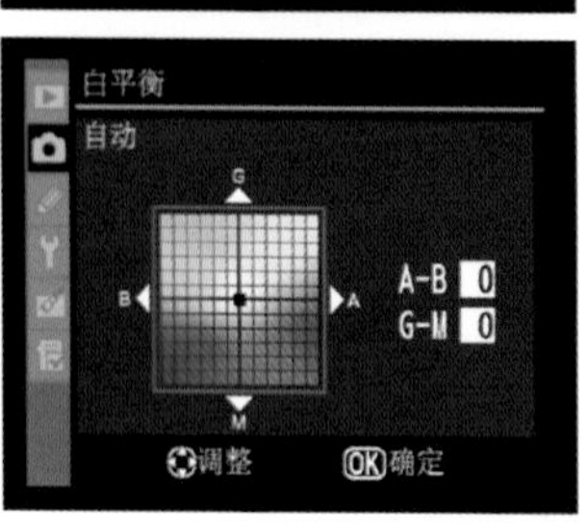

白平衡设定的适用色温选择

选项		色温(K)	建议使用
Auto自动(默认)		-	自动按照拍摄场合给予恰当的白平衡，适合一般拍摄或Snapshot随意拍摄
白炽灯		/	在白炽灯照明下使用，适合在极昏黄的灯光下使用
荧光灯	钠灯	2 700	在钠灯照明下使用，如室内运动场内的钠灯照明
	暖白色荧光灯	3 000	在暖白色荧光灯或荧光灯下使用
	白色荧光灯	3 700	在白色荧光灯照明下使用
	冷白色荧光灯	4 200	在冷白色荧光灯照明下使用
	日光白色荧光灯	5 000	在日光白色荧光灯照明下使用
	日光色荧光灯	6 500	在日光色荧光灯照明下使用
	高色温汞灯	7 200	在高色温汞灯下使用
直射阳光		5 200	适合在户外晴朗的天气下拍摄
闪光灯		5 400	配合内置或外置闪光灯拍摄时使用
阴天		6 000	在白天多云的天气时使用
阴影		8 000	如果在白天拍摄时，主体位于阴影下，可使用这种白平衡
PRE手动预设		自定	可自行设定色温，在拍摄场地拍摄白纸反射的光线以测量色温，使拍摄的照片有准确颜色

各种白平衡的色彩表现

AUTO自动

闪光灯

白炽灯

阴天

直射阳光

阴影

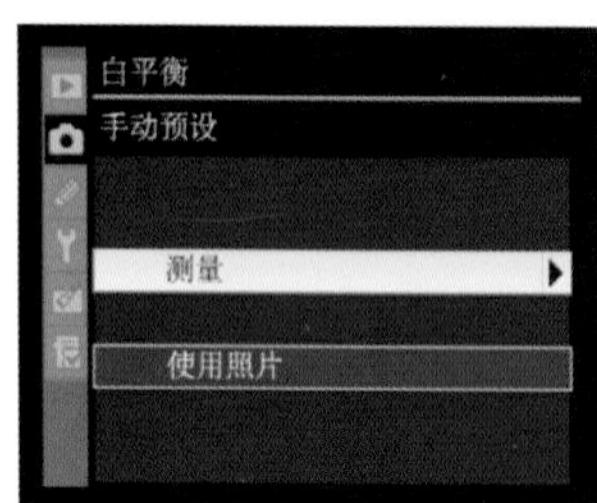

ISO感光度设定

ISO感光度是继快门和光圈外另一个影响曝光的主要设定，在这个拍摄菜单中，用户可以在ISO 200～ISO3 200的范围内对D5000逐级设定，此外，还有Lo和Hi的设定，各自以1/3EV为步长上或下调，Lo 1、Lo 0.7和Lo 0.3分别相当于ISO 100、ISO 125、ISO 160，而Hi 0.3、Hi 0.7和Hi 1则相当于ISO 4 000、ISO 5 000和ISO 6 400，换言之，可以将D5000的感光度设定扩展至ISO 100～ISO 6 400。

D5000在自动或场景模式时，可以选择自动ISO设定，当光线不足以使快门理想地拍摄出清晰照片时，相机便会自动提升到较高的感光度。想在P、S、A和M模式下使用自动ISO(LCD屏取景器内均会显示ISO-A/ISO AUTO)，便要在此项中“ISO感光度自动控制”选择“开启”，同时D5000允许设定自动ISO时的“最大感光度”及“最小快门速度”。“最大感光度”可设定ISO 400～ISO 3 200其中一级(以1/3EV为步长)或Hi 1(相当ISO 6 400)，这可以限制相机自动把感光度提升至高ISO而引起照片出现较多噪点；而“最小快门速度”则可1～1/2 000s之间逐级选择，这个设定会让相机在P和A模式时仅在该快门设定以下时才启动自动ISO。因此“ISO感光度自动控制”是一项相当先进的曝光功能，只要设定合理的“最大感光度”及“最小快门速度”组合即可。例如原本在ISO 200下需使用1/8s和f/2.8曝光的照片，1/8s容易手抖。如果把最大感光度设定在ISO 800，最小快门设定在1/30s，这样即使现场光线不足，快门速度也不致于太慢。至于在M模式下，当曝光低至光圈不足时才启动自动ISO。

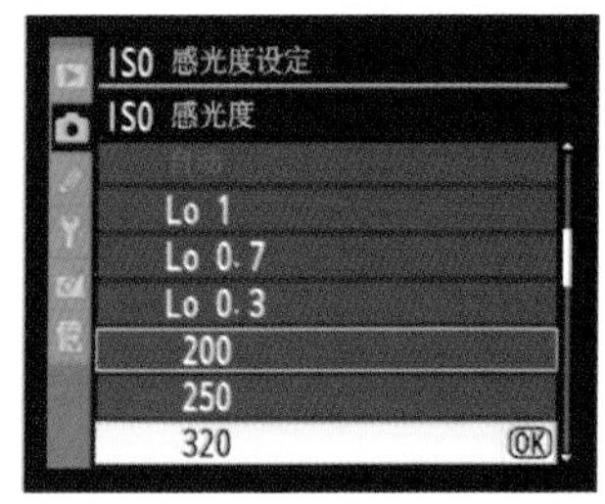

动态D-Lighting

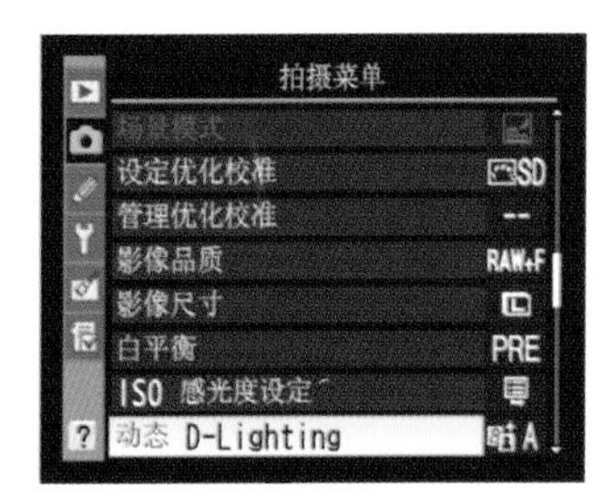

与其他Nikon的专业数码单反相机一样，D5000还有动态D-Lighting的设定，这是一项相当好用的功能，可以在拍摄时把影像的动态范围表现扩大，使高光位和暗部有较佳层次，所以建议使用，而使用矩阵测光模式时效果最佳。在拍摄菜单中可作6种设定：Auto（自动）、H⁺（极高）、H（高）、N（标准）、L（低）及OFF（关闭）。使用Auto（自动）可以让D5000自行按照片的明暗作出调整，建议用户使用此设定；至于H⁺（极高）、H（高）、N（标准）或L（低），则根据摄影师的需要进行选择。

动态D-Lighting示范

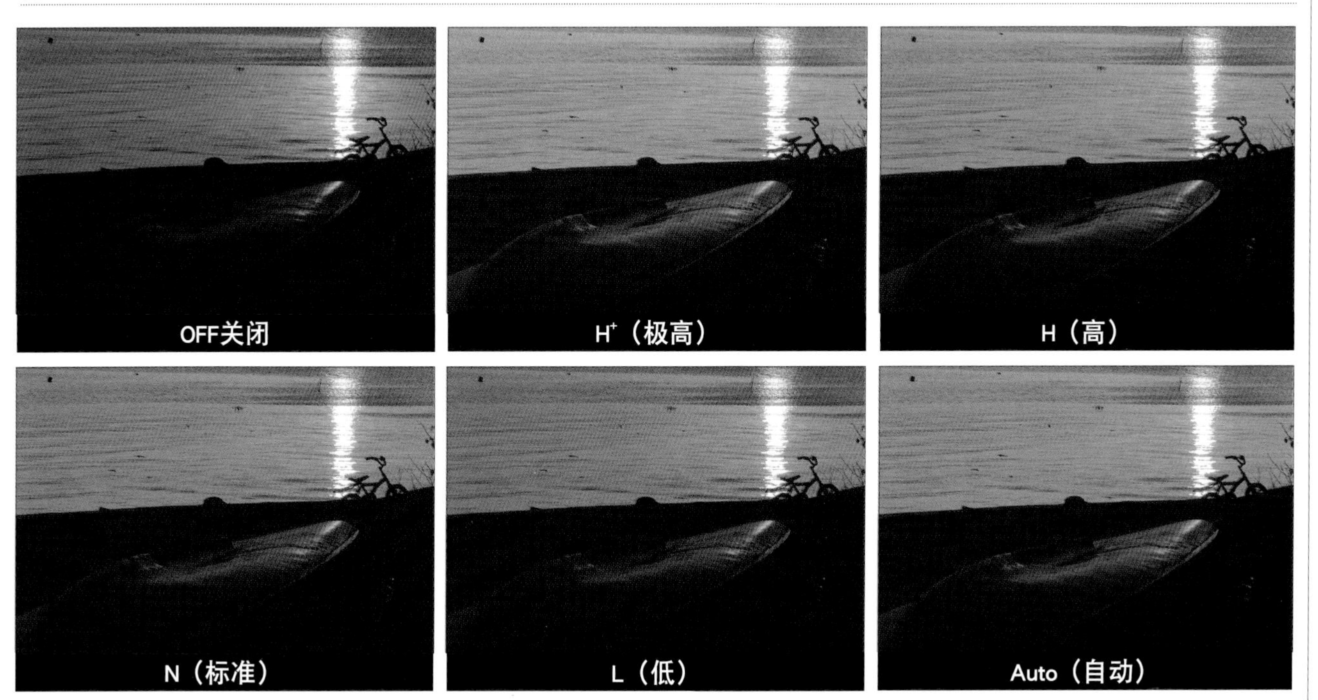

▶自动失真控制

“自动失真控制”功能可减少使用广角镜头时的桶形失真或远摄镜头的枕形失真，但是只适用于Nikkor G型和D型镜头。

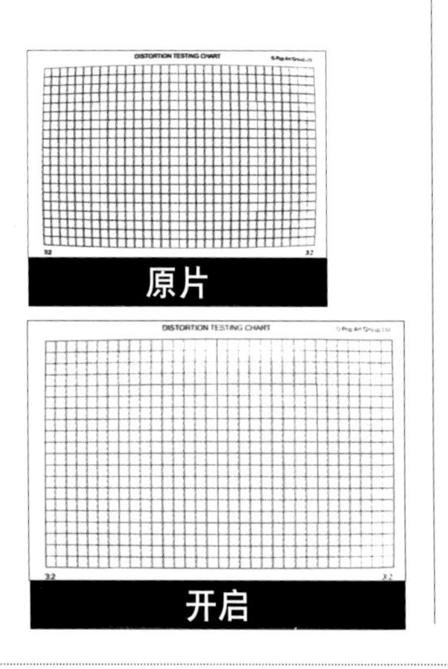

原片

开启

▶色彩空间

D5000设有sRGB及Adobe RGB两种“色彩空间”的选择，可以在拍摄菜单中进行更改，如拍摄后需要出版照片最好选择Adobe RGB，因为它能记录较宽的“色彩空间”，特别是对绿色的表现较佳；如果是拍摄后直接打印或在网上观赏的照片可选择sRGB，在一般电脑屏幕或者打印机输出时，有较佳的色彩表现。然而，随着色彩管理系统的成熟，建议摄影师用Adobe RGB，因为其色域较阔，而且现在很多设备都能兼容这种色域，照片的色彩重现品质会较佳。

▶长时间曝光噪点消减

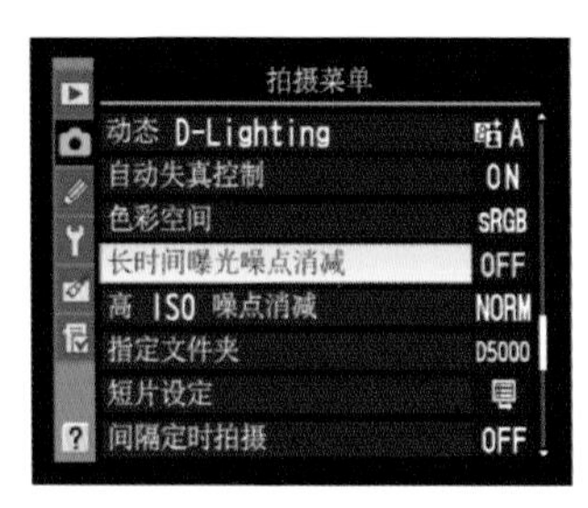

相机在长时间曝光时会产生一些噪点，需要用特别的减噪点(NR)功能来消除，即“长时间曝光噪点消减”功能。开启后，当相机在慢于8s的长时间曝光时，便会自动运行噪点清除的功能，取景器中会出现闪烁的“Job nr”字样，并需使用与曝光相同的时间来完成，所以影像保存的时间会有所延长。因此，如不想拍摄停顿下来，用户可以考虑把“长时间曝光噪点消减”功能关掉，但如果要拍一张完美的慢速快门照片，此功能还是必要的。

▶高ISO噪点消减

D5000设有自动ISO感光度功能，正因如此，有时拍摄会自动将感光度提升，这也难免令照片出现较明显的噪点，但可以放心，相机已设定的“高ISO噪点消减”功能会大显身手。当使用ISO 800或更高的感光度拍摄时，相机会进行减噪点的处理，而且可由用户自行选择减噪点的量，包括“HIGH高”、“NORM标准”、“LOW低”和“关闭”，建议用户使用“NORM标准”。若选择“关闭”，D5000仍会在Hi 0.3或以上时进行减噪点，但其程度会比“LOW低”时稍小。

▶指定文件夹

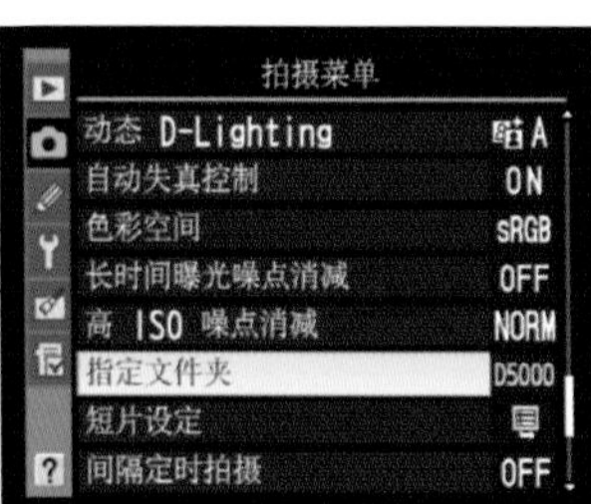

D5000的用户可以自行设立、删除和选择存储卡中保存照片的文件夹，在此选项中有“选定文件夹”、“新建”、“重新命名”和“删除”4个选项。在设立新的文件夹时，最多可用5个字符的名称，设立后，存储卡上会新增一个在名称前有3位数字的文件夹，由100开始，当文件夹内已超过999张照片或其内的照片编号超过9999，便会自动新建一个文件夹，文件夹编辑即在当前文件夹编辑基础上加1。

▶短片设定

D5000是第二部可以拍摄高清影片的Nikon DSLR，这种拍片功能也可以作不同的改变。在这个“短片设定”选项中，可以设定短片的“品质”和“声音”。“品质”是设定短片的分辨率，选项包括“1 280x720（16：9）”、“640x424（3：2）”和“320x216（3：2）”，建议使用最大的分辨率拍摄短片，没有必要减少其分辨率。但要注意，使用“1 280x720”时最多可录制5分钟，而后两者则可录制20分钟左右。“声音”选项用来设定拍短片时是否进行现场录音，可以根据需要进行关闭或开启。

▶间隔定时拍摄

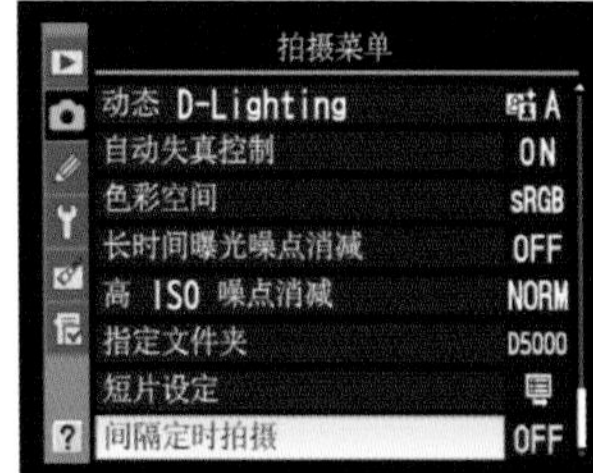

选择此功能可以让D5000按所设定的时间和次数自动地进行拍摄。用户可选择“即时”，设定完成便开始拍摄；也可选择“开始时间”，设定时间后相机自动计时，然后开始拍摄；选择“间隔时间拍摄”可以用时、分、秒来精确设定，而“开始时间”设定则有时和分两个项目，拍摄张数则最多为999。

个人设定菜单

“6个类别选项，使D5000微调至最适合用户经常拍摄的需要，将完善的性能发挥出来，拍摄更省心。”

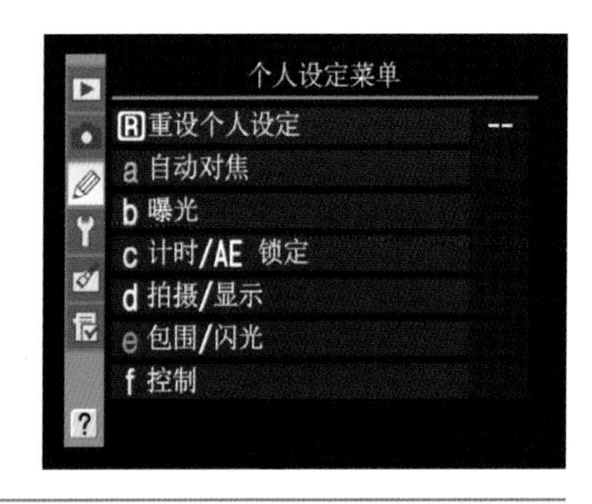

▶R 重设个人设定

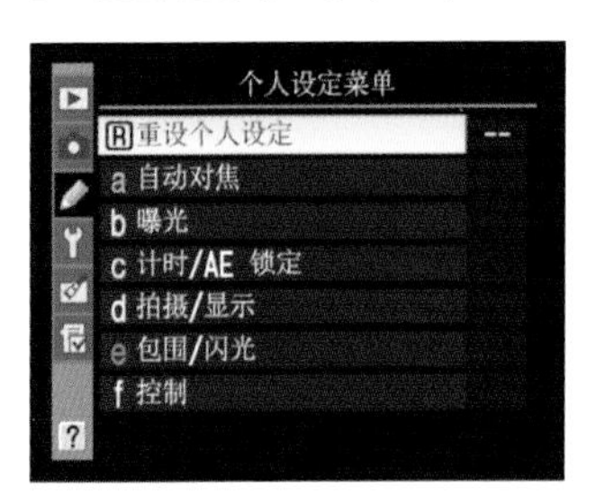

这是在个人设定菜单中的首个选项，它可以还原出厂时的“个人设定”。当个人设定发生错误或有些功能设定不正确，又或者原先的设定被打乱，这时就可以用这个选项来恢复相机最初的状态。但需要提醒大家，选择还原所有个人设定后，有些个性化的设定便会改变，所以要小心使用。此外，D5000还有双键重设功能(使用两个有绿点的键)，但重设的设定并不包括此个人设定菜单中的设定，因此才有这个“R重设个人设定”选项。

▲选择重设的话，会把重设菜单中的设定调至出厂设定。若用户只是希望重设其他拍摄的设定，建议应用双键重设，即同时按两个绿色按钮进行设定

▶a 自动对焦

虽然说D5000是一部入门级的数码单反相机，但其性能已经十分先进，尤其是AF自动对焦功能，设有多个模式的同时，还有一些崭新的功能设定选择。在自动对焦下共有4个选项，其中包括含有4种AF区域模式的选项(a1)、决定是否要开启自动对焦辅助闪光灯的选项等，这些选项都是非常有用的，建议用户尽可能多了解，以便能增加拍摄时的自动对焦效率。

▶▶a1 AF区域模式

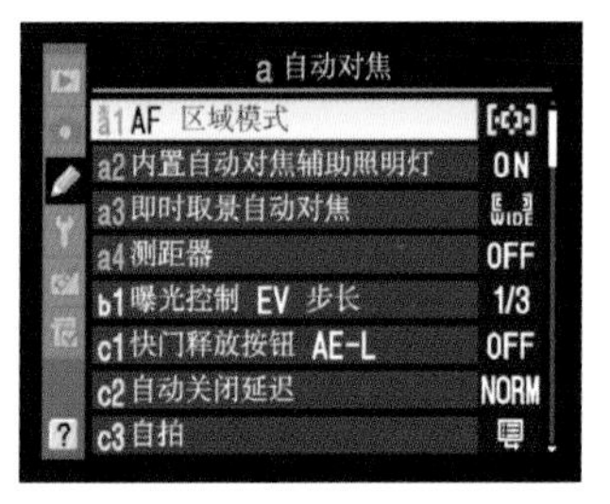

基本上，在拍摄时按“info”按钮再按“i”按钮，可以直接选择AF区域模式，但仍能利用这项功能直接设定D5000的对焦点。D5000有11个对焦点，用户可以选择手动设定对焦点或自动选择对焦点，其中自动对焦点选择有“单点”、“动态区域”、“自动区域AF”和“3D跟踪（11点）”4种选择。

▲D5000共有4种自动对焦区域选择，其中的“3D跟踪(11个对焦点)”更是秉承自较高级的Nikon数码单反相机

各种AF区域模式运作方式

模式	说明
单点	利用机身背面的“多重选择器”，向不同方向移动相机的对焦点，这项设定比较适合拍摄静态景物，如果使用微距拍摄模式，默认的设定就是“单点”对焦模式
动态区域	如配合AF-A或AF-C对焦设定，用户可以先手动选择要用的对焦点，向主体对焦后，一旦主体从该对焦点移开，相机会马上利用其他对焦点来再次进行对焦，以保证对焦的准确性。如果选择AF-S模式拍摄，仍可以手动选择对焦点，但是相机只会使用该对焦点对焦，不会利用其他对焦点进行辅助。“动态区域”也是运动场景拍摄模式的预设对焦方法，用来增加拍摄不规则移动主体的对焦准确性
AF自动区域	由相机自动侦测主体并进行对焦，一般都是以最近的主体作为对焦的目标
3D跟踪（11个对焦点）	当配合AF-A或AF-C自动对焦模式时，用户可先用多重选择器自行选择对焦点，半按快门锁定主体后，一旦主体偏移所在的对焦点，相机便会启动3D跟踪功能，寻找主体并使用主体所在位置的对焦点。换言之，对焦点会快速地跟随主体的位置变化进行对焦。然而，配合AF-S对焦模式时，虽然可以选择对焦点，但3D跟踪不会运作，对焦点不会跟随主体移动。这种AF模式适合拍摄移动中的主体，如儿童或宠物等。由于3D跟踪是靠记忆主体旁的色彩来进行位置的识别，因此当主体的颜色与背景接近时，效率便会降低

▶▶a2 内置自动对焦辅助照明灯

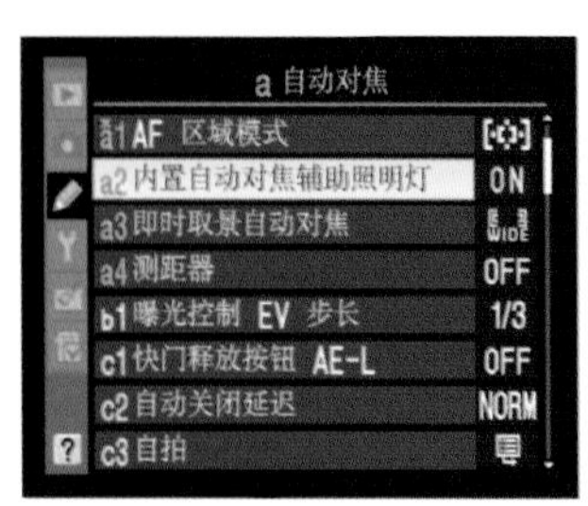

D5000手柄旁有一个圆形的AF辅助照明灯，如果在“内置自动对焦辅助照明灯”中设定了“开启”，若自动对焦模式设定为AF-S或AF-A，并选择自动区域AF时，一旦拍摄环境光线不足，相机就难以进行自动对焦，此时这个照明灯便会自动亮起照亮主体，使相机能进行对焦。此外，在“AF区域模式”中选择“单点”、“自动区域AF”或“3D跟踪（11点）”，并将对焦点设在中央时，AF辅助照明灯才能生效。

当选用了“关闭”，自动对焦辅助照明灯在任何情况下均不会亮起。使用时留意所用的镜头是否遮挡了照明灯的光线，因此部分镜头是不能配合此功能使用的。装上了遮光罩后也会遮挡照明灯的光线而影响效能。

对于拍摄纪实照片或进行Snapshot的摄影师来说，在较暗的公众场合拍摄时，如果突然亮起AF自动辅助照明灯，场面将会相当尴尬而阻碍拍摄。建议纪实摄影师在公众地方拍摄时，或者不想骚扰到拍摄对象时，把自动对焦辅助照明灯关闭。

▲在开启自拍功能拍摄时，相机的对焦辅助照明灯也会亮起以作提示，所以即使没有蜂鸣音也有足够的提示。如大部分拍摄情况下都不需要蜂鸣音的话，不妨把它关掉

▶▶a3 即时取景自动对焦

D5000 的 Live View 即时取景时自动对焦模式共有 4 个:“脸部优先”、“宽区域”、“标准区域”和“主体跟踪”。

Live View时的自动对焦模式

模式	说明
脸部优先	自动侦测人脸，并对该面孔进行对焦，所以这项设定非常适合拍摄人像，而一旦选择了人像或夜景人像拍摄模式，D5000的实时对焦也会自动启用
宽区域	有一个范围较大的对焦位置，适合在Live View时难以在较小的对焦范围进行对焦时使用，尤其是手持方式拍摄时，适合如风景或街景等的题材，对焦的范围可以广阔地纳入景物
标准区域	对焦范围较小，适用于需要准确对焦的时候，例如拍摄微距主体或静物摆设时。如果使用D5000的近摄场景模式，此“标准区域”也是原厂的默认设定
主体跟踪	这是D5000的新增功能，并且是第一次用于Nikon的数码单反相机上。选择该项后，LCD上会显示一个框格，只要将它对准要追踪的主体，然后按多重选择器的上键便会对之锁定。一旦主体移动，框格便会跟随追踪，这确保对焦时仍可以把焦点保留在主体上，即使主体突然离开画面，再进入时仍能追踪到

▶▶a4 测距器

这个测距器其实是一种辅助手动对焦的工具，当使用MF手动对焦操作时，开启此测距器。在手动调节焦点时，取景器内LCD上显示的曝光指示会变为一个对焦测距器，以指示手动对焦的情况。这项功能十分重要，由于D5000只能配合AF-S等设有内置对焦马达的镜头，若配合其他AF镜头便会缺少自动对焦，但凭此测距器则可大大地提高手动对焦的准确性，令用户更易拍摄到佳作，又可使用更多不同的镜头。需要注意的是，测距器和原有的AF对焦感应是有相同特性的，在面对没反差或在极昏暗环境下的主体时，便不能进行测距。

取景器不同测距器的指示

焦点在主体稍前位置

焦点在主体稍后位置

一触即拍 认识相机 拍摄体验 菜单分析 扩充性能 影像处理 附录

b 曝光

D5000在曝光方面的个人设定较为简单，只有一项，就是用以改变曝光控制增减的步长细密程度。

b1 曝光控制的EV步长

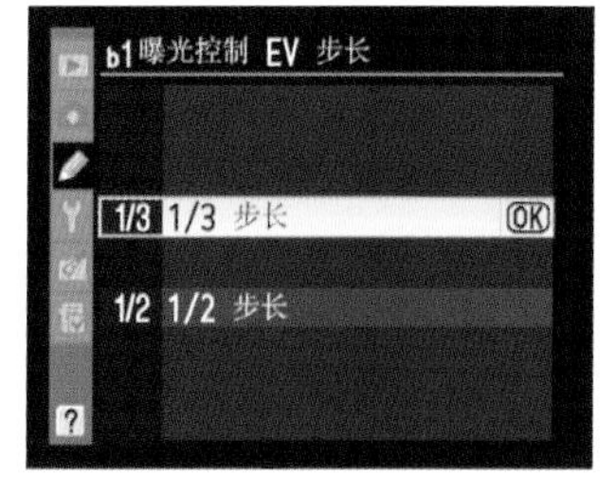

虽然只有一项曝光设定，但它已是十分重要和足够了，因为这个设定是改变相机被控制的EV步长的细致程度，分别有1/3步长和1/2步长两个选择，前者可以把1EV的变化变为3段，可以更仔细地调整曝光，一旦设定后，这种设定可应用于所有曝光上的设定，如快门、光圈、曝光补偿、包围曝光等。建议用“1/3步长”一项，反正都是要逐级调节，精细点会更好，加上相机又可以即时重看，可即时判断到加或减曝光后的效果，非常方便。

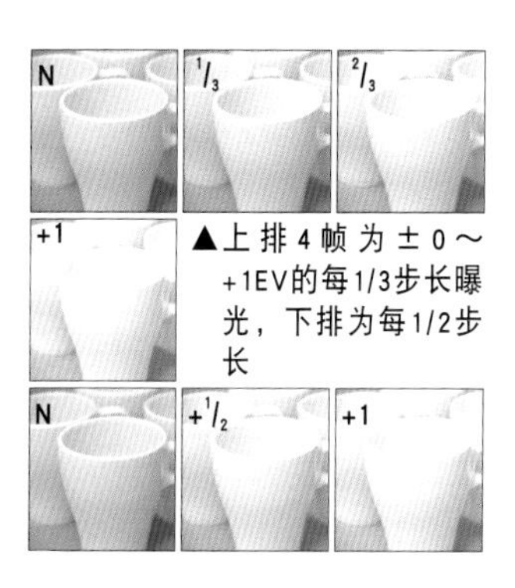

▲上排4帧为±0～+1EV的每1/3步长曝光，下排为每1/2步长

c 计时/AE锁定

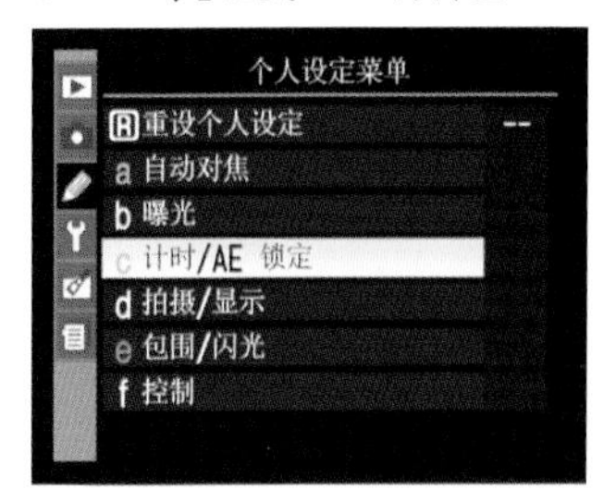

这项设定主要是针对相机的各种曝光延迟和自拍功能操作作出微调，也可以对AE-L曝光锁定的运行作出改变，这些对摄影师有相当大的帮助，尤其在省电上，对于初学者更加重要。

c1 快门释放按键AE-L

这项设定对于初学者非常有帮助，因为很多人都不了解曝光锁定的作用，凭着这个设定开关，用户就能在拍摄时感受到分别。在相机背面的取景器旁边设有一个AE-L/AF-L按钮，用户可以通过它来锁定曝光，这样可以避免因为重新构图时焦点位置的改变而影响曝光的准确性。但如果用户在此选项选“开启”，当对焦时，比如向人脸对焦，相机便会同时把曝光值锁定，保持半按快门，再移动画面构图，就不会影响人脸的曝光。由于相机预设是“关闭”，就好像传统相机拍摄一样，要先锁定曝光，因此用户可以按自己习惯来设定。

c2 自动关闭延迟

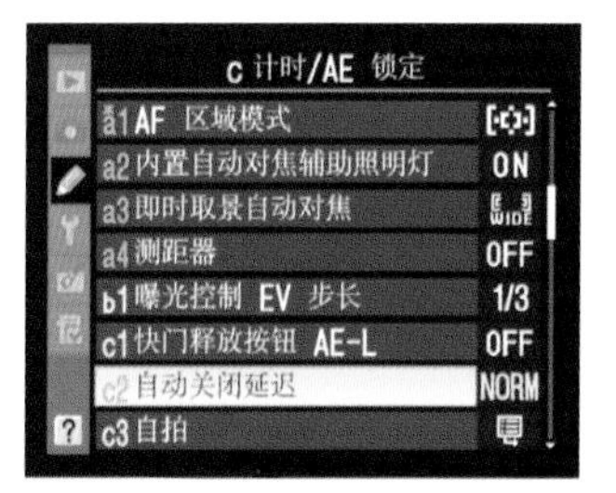

此设定可改变机身背面LCD和取景器内LCD显示的时间，包括菜单显示、重看影像、拍摄后图片预览以及测光、取景器和信息显示等，当闲置时会在指定时间自动关闭，只要再次按键就又可以显示出来，改变这些时间最大的作用是减少电力的消耗。除了基本的“短”、“标准”和“长”3个选择外，更有让用户自行选择时间的“个人设定”项目，可分别调整“播放/菜单”、“影像查看”和“自动测光关闭”的延迟时间，基本上全部选择SHORT（短）是最合适的。减少电力消耗对数码相机非常重要，要留意的是，当使用EH-5a AC变压器配合EP-5电源连接器供电时，或使用USB连接打印机时则不会自动关掉显示。

各设定的大约时间

选择	播放/菜单	影像查看	自动测光关闭
SHORT短	8s	4s	4s
NORM标准	12s	4s	8s
LONG长	20s	20s	1min

c4 遥控持续时间

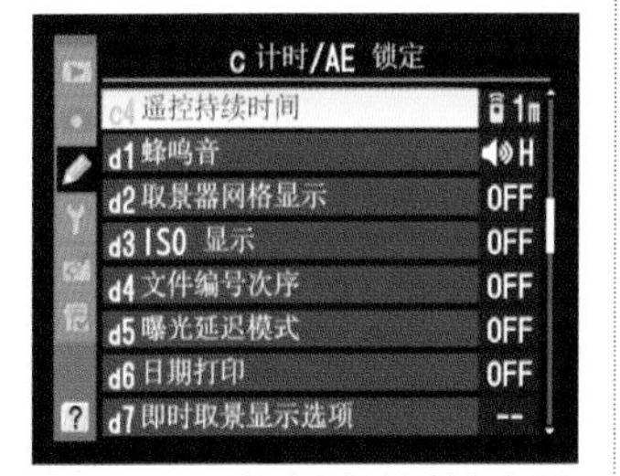

D5000设有延拍遥控和即拍遥控两种遥控快门释放的功能，但当启动后相机便会进入预备状态等待遥控器的信号。如要避免因预备状态闲置时间太长而浪费电力，可以用此项目选择取消遥控模式，恢复正常的单张、连拍或静音快门释放模式，其中共有4个选择，分别是1分钟、5分钟、10分钟和15分钟。

c3 自拍

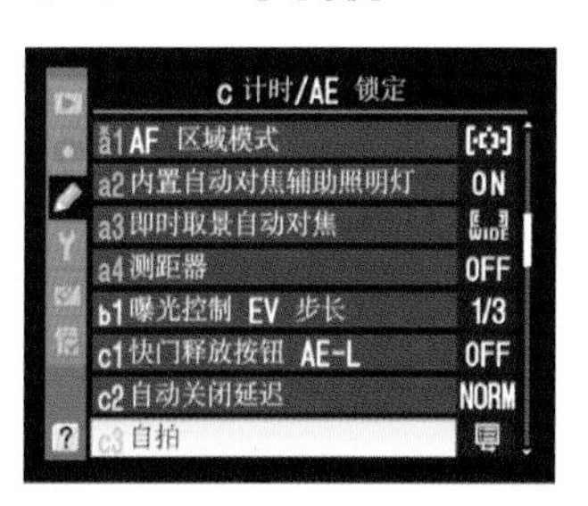

此项目可设定D5000自拍按钮的运作，分别有可调节快门延迟时间的“自拍延迟”和每次使用自拍模式时，按下快门后所拍摄的张数的“拍摄张数”两个设定。前者可让用户选择足够的时间进行自拍，而后者则可增加拍摄的张数，为保险多拍几张照片，最多可达9张。当拍摄团体合照时，很多时候都要多拍一两张，有了这个选项，就无需每次重新设置相机并再按快门释放按钮进行拍摄。

▶d 拍摄/显示

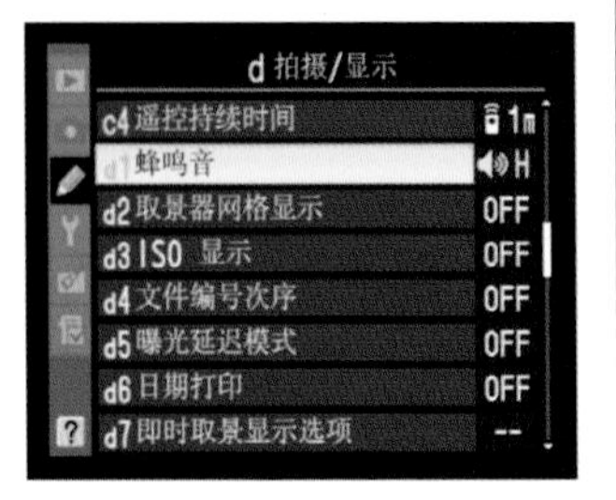

共7个项目，分别是针对拍摄的一些设定，尤其是显示设定作出的改变，主要影响部分拍摄上的操作，并涉及如取景器中或即时取景的显示特性。微调这些选项有助用户在使用D5000时更能准确构图和掌握曝光。

▶▶d1 蜂鸣音

这是设定相机是否发出“哔”声提示的选项，分别有高和低音调两个选择。开启后相机会在AF-S或AF-A对静止主体对准焦点时发声，在自拍或延拍遥控模式的计时过程中发声。由于有些拍摄场合不宜有太多声音骚扰，如严肃教堂内、博物馆，如果蜂鸣音响起会出现尴尬情况，因此建议关掉。若使用安静快门释放模式，相机就不会发出蜂鸣音，在需要宁静地拍摄时用此模式最佳。

▶▶d2 取景器网格显示

此设定出厂默认值为关闭，开启后会在取景器中看到4x4矩阵的网格，其最大作用是在拍摄时给用户一个水平或垂直的参考，拍摄建筑物或风景把握画面水平时最为有用，也有利于用户进行构图。

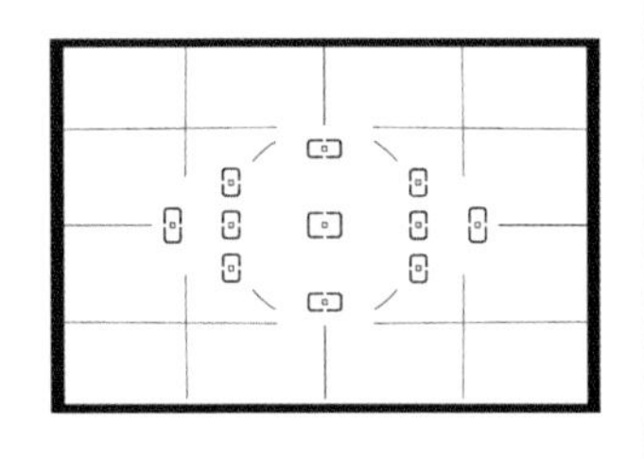

▶▶d3 ISO显示

此设定出厂默认为“关闭”，但建议选择“开启”，开启后在取景器中的LCD显示相机所用的ISO值，可以避免用户误用过高或过低的ISO，尤其是自动ISO时，若不希望照片有太多噪点，就更需要把ISO设定保持在较低的范围。

▶▶d4 文件编号次序

文件编号顺序是指相机保存所拍照片文件名的编号顺序，每拍一张就增加1。如上一张是_DSC0001，下一张就是_DSC0002，但如果此选项为“关闭”，相机便会在每次插入新的存储卡时重新由0000开始，而不是承接上一张的编号顺序。如果不想因换卡而导致出现有相同编号照片的情况，应选择“开启”项。用户也可以选择“重新设定”，下一张所拍照片的文件编号为在当前文件夹中最大文件编号的基础上加1；若当前文件夹为空文件夹，则文件编号将重设为0001。要提醒大家，当文件夹的编号已为999并包含999张照片或有一张编号为9999的照片时，则需要重设或把存储卡格式化。

▶▶d5 曝光延迟模式

传统相机有反光镜锁定的功能，在正式释放快门之前先把反光镜向上锁定，然后再按快门释放按钮才正式打开快门帘进行曝光，从而避免正式拍摄时受到反光镜运行产生的震动使照片模糊。此项目一般设定为“关闭”便可，但当希望减少反光镜震动的影响，比如长时间曝光的夜景拍摄，又或者使用超长焦距时，建议采用“开启”，按快门后，反光镜先锁定约1s后才正式释放快门。若想得到更稳定的拍摄效果，建议拍摄长时间曝光的题材时使用稳固的三脚架，并且使用遥控电子快门线，减少手部触按相机时造成的震动。

d6 日期打印

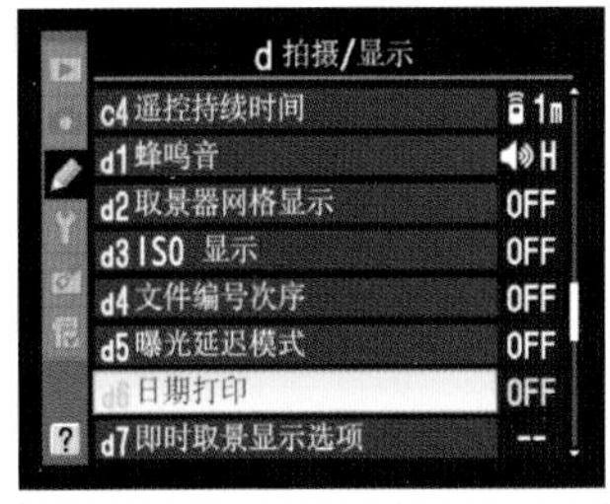

d6 日期打印
日期计算器
完成 OK
选择日期
显示选项
12. 09. 2009
00/12. 09. 2009

在这个项目中可以选择是否在照片上打印日期和时间信息，这个功能会令JPEG照片加上不能删除的印记，因此不想照片留下不能恢复的信息痕迹，建议选择“关闭”。倘若既有打印信息，又可以恢复成没有印记的照片，拍摄时则建议选择RAW+JPEG，因为RAW(NEF)文档是不会有印记的。“日期打印”项目设有“关闭”、“日期”、“日期和时间”和“日期计算器”4个选择。其中“日期计算器”的功能是可以在新照片上印有时戳，以显示拍摄日期和某个指定日期之间的间隔天数，包括在该日期前或后的两种选择，这种功能对于需要记录日期的实务拍摄会非常有用，一般艺术创作未必需要。

d7 即时取景显示选项

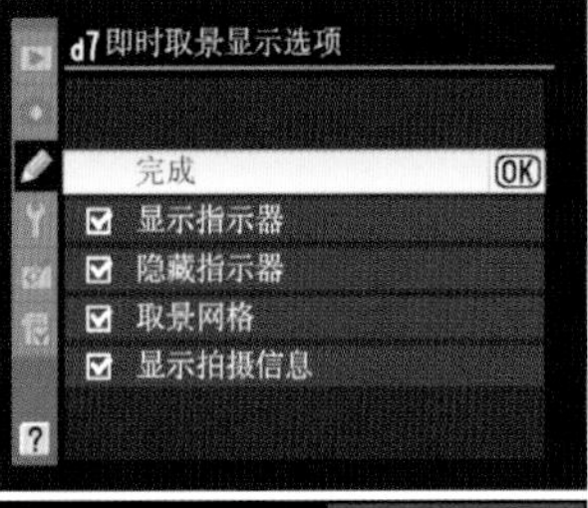

在Live View即时取景拍摄下，可以按相机顶上的“info”按钮改变即时取景的画面，而这些画面则可以在此项目中作调选。

e 包围/闪光

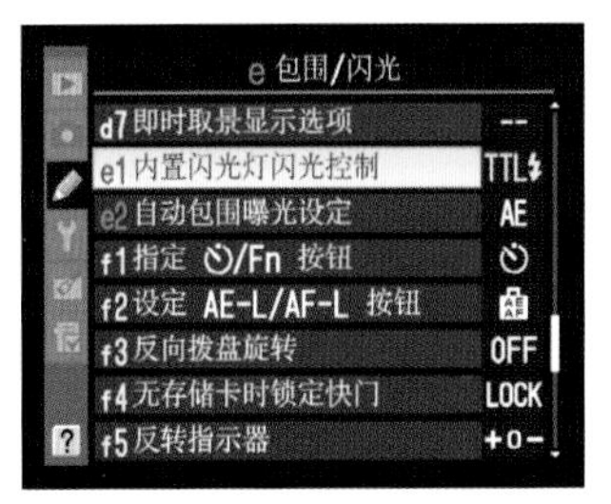

在此菜单内可设定相机的闪光灯闪光控制选项，包括自动的TTL和手动的M闪光模式，除可控制内置闪光灯外，还可控制另购的SB-400闪光灯。而包围拍摄方面，更可以把它加入全新的D-Lighting或白平衡包围拍摄设定，令D5000性能更多元化。

e2 自动包围曝光设定

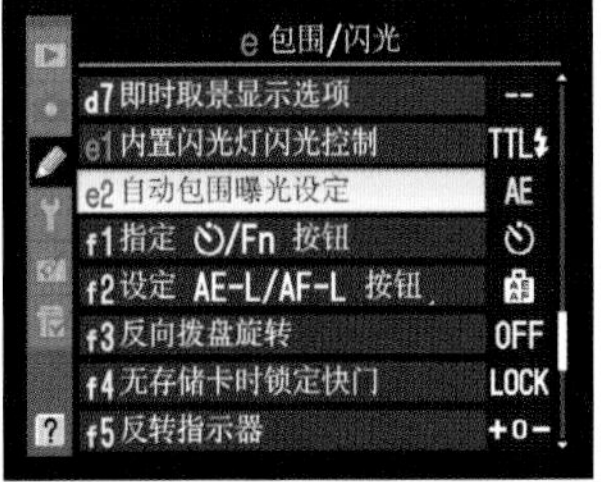

在这个项目中可以设定相机自动包围模式时所作出的包围类型，包括曝光、动态D-Lighting和白平衡3种选择。AE曝光包围可一次连拍3张不同曝光效果的照片，在此设定下，在拍摄时按下机身背后的“i”按钮可选择包围之间的曝光值差异；而WB白平衡包围则会在释放快门后，自动建立3个不同白平衡的影像；动态D-Lighting包围则会以关闭动态D-Lighting拍摄一个影像，然后用当前的动态D-Lighting设定拍摄另一张。以上各种包围式拍摄只可在P、S、A和M曝光模式中进行。

e1 内置闪光灯闪光控制

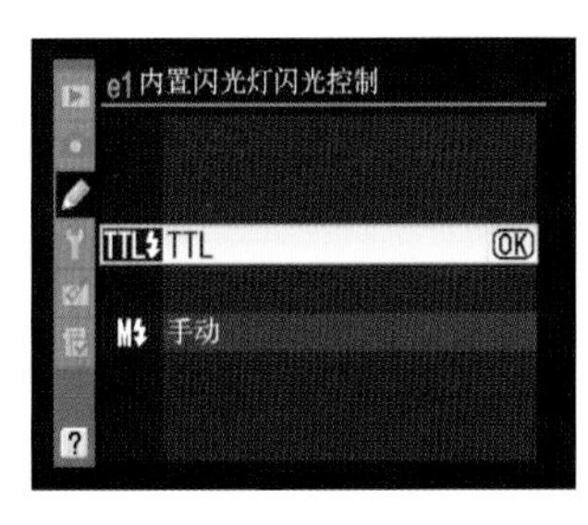

在P、S、A和M曝光模式下，可选择闪光灯的闪光控制是自动的TTL还是M手动模式，前者是相机自动控制闪光量，而后者则是用户自行按闪光灯的输出比例来设定发出的闪光量。在M手动时，用户可在全光至1/32之间选择闪光级别，若使用内置闪光灯，全光下的闪光指数为18（m、ISO 200、20℃），比如，配合f/4光圈时，闪光量可为4.5m远的主体照明。此外，若配合Nikon的SB-400闪光灯时，此选项会变为“另购的闪光灯”，用户也可以直接在菜单内设定SB-400的闪光模式。

▲除了内置闪光灯可以通过此项目作直接调控外，也可以在装上SB-400时作调控，然而其他闪光灯如SB-600、SB-800或SB-900却不能

f控制

这一栏项目中的各设定都会直接影响到摄影师操作D5000，包括一些按钮功能的载入设定以及转盘的运作方向等，一旦改动后就会与习惯用法不同，所以建议用户小心地使用。倘若用户真的感到操作不够流畅，建议返回个人设定菜单的首页，然后选择“R重设个人设定”进行重设。

f1 指定自拍/Fn按钮

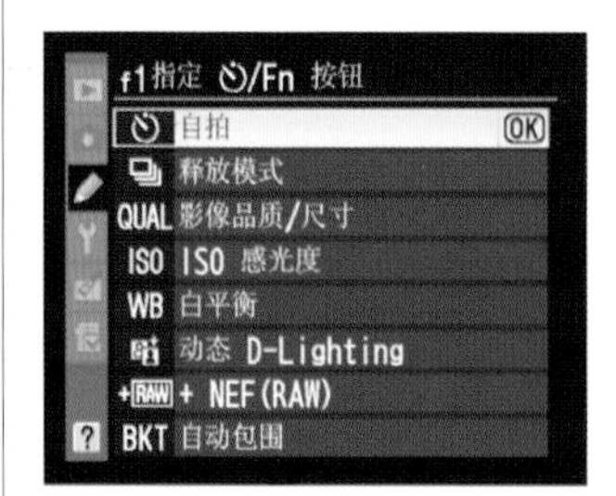

D5000的自拍按钮也是Fn按钮，所以除了可以直接启动自拍外，还可被指定为某种功能的设定钮，可设定的按钮功能多达8种，包括：开关自拍模式、快门释放模式(配合转盘切换)、影像品质中/小切换(配合转盘更改)、ISO 感光度转换、白平衡转换(只限P、S、A和M)、动态D-Lighting模式选项(只限P、S、A和M)、在JPEG拍摄时+NEF(RAW)拍摄、自动曝光包围转换级数或动态D-Lighting包围开关(只限P、S、A和M)。改动后，用户可以更快速地运用功能按钮即时切换相关的设定，譬如拍摄时需要经常转换ISO，按Fn按钮转动指令拨盘可即时切换，无需将眼睛移开，使摄影师集中精力拍摄，使用更加便利。

▲Fn按钮就在镜头卡口后方，在握持相机时的左手位置，触手可及，所以此按钮可被设定为不同的特定功能作为一个快捷键，方便用户快速操作相机

f2 设定AE-L/AF-L按键

除了c1中可令快门释放按钮开启AE-L外，其实在AE-L/AF-L按钮上还有不同的设定。当用户打算用此按钮把AF和AE的功能分开或连在一起时，可以在f2的设定中调整，设定如下。

AE/AF锁定	按AE-L/AF-L按钮会把曝光和对焦都锁定
仅锁定自动曝光	按AE-L/AF-L按钮只会把曝光值锁定
仅锁定自动对焦	按AE-L/AF-L按钮只会把对焦锁定
AE锁定（保持）	按一下AE-L/AF-L按钮后就把曝光锁定，再按一下就取消锁定
AF-ON	设为此项后快门释放按钮便不能进行对焦，要按AE-L/AF-L按钮才能启动自动对焦

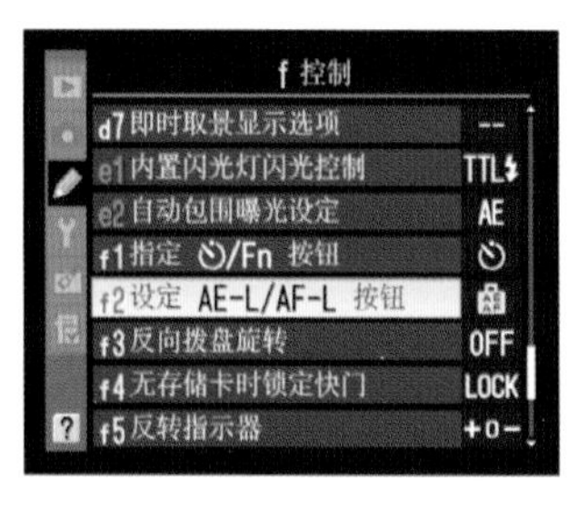

f3 反向拨盘旋转

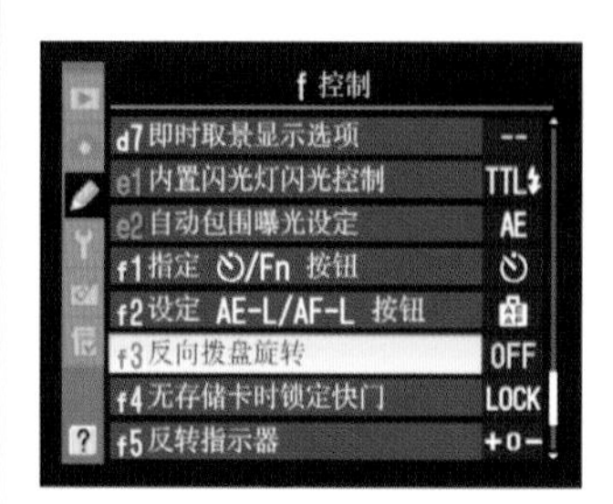

当此项设定为“开启”时，指令拨盘选择的方向便会与之前相反，用户可按自己习惯来决定是否要改为反向，但建议一旦已习惯了Nikon既有方向，最好还是不作改变。

f4 无存储卡时锁定快门

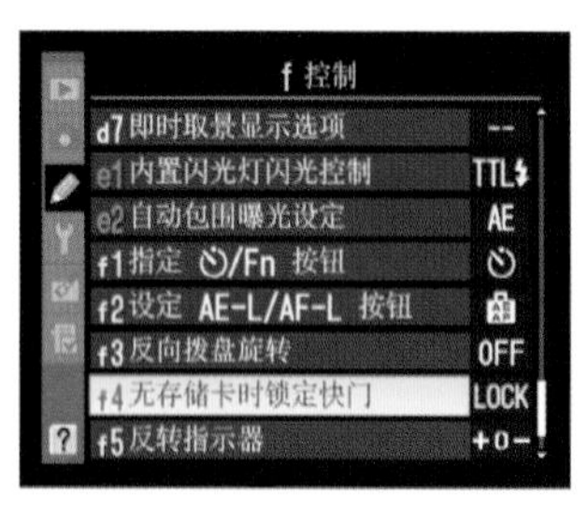

很多人都试过，当看到精彩一刻举机拍摄时，竟然发现相机未装上存储卡，结果那一张精彩的作品便成泡影。为了避免这种遗憾的事情发生，建议把该项设定为“快门释放锁定”。当你按第一下快门就知道快门无法生效，这时插入存储卡也许还来得及！若选择“快门释放开启”，那么在没插卡的情况也能启动快门，这样可以方便检查相机的运作是否正常。

f5 反转指示器

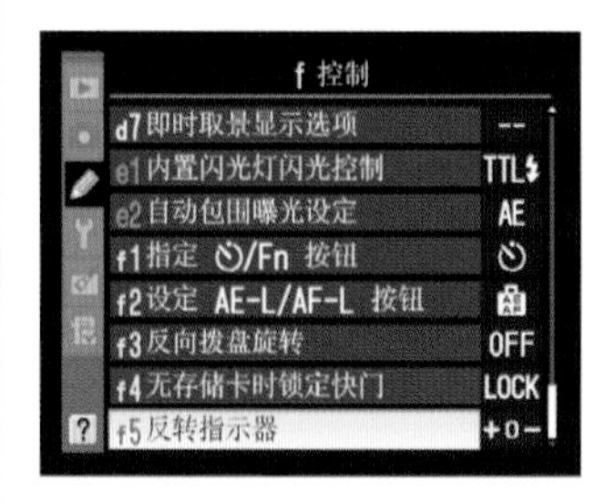

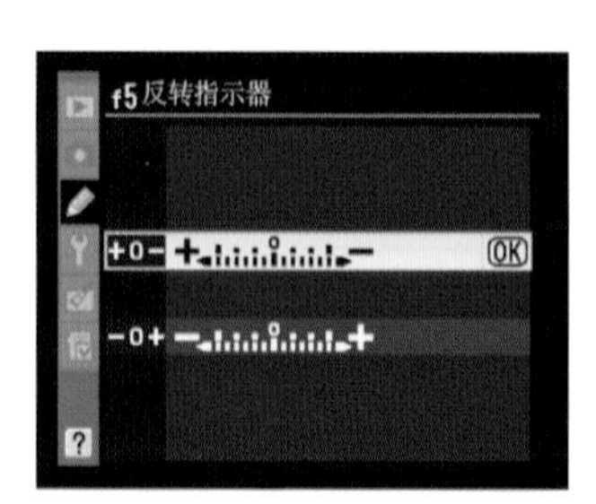

这项与f3类似，但这个项目主要对曝光指示作出改变，可以由相机预设左方为正、右边为负的规律改为相反，以配合一些人习惯右为加大、左为减小的观察方法，这是一种为个人习惯而设的选项。

设定菜单

“这些设定选项，可令D5000的用户设定相机的一些基本硬件功能，例如LCD的亮度、存储卡格式化、清洁影像传感器、HDMI、时间、相机语言等。”

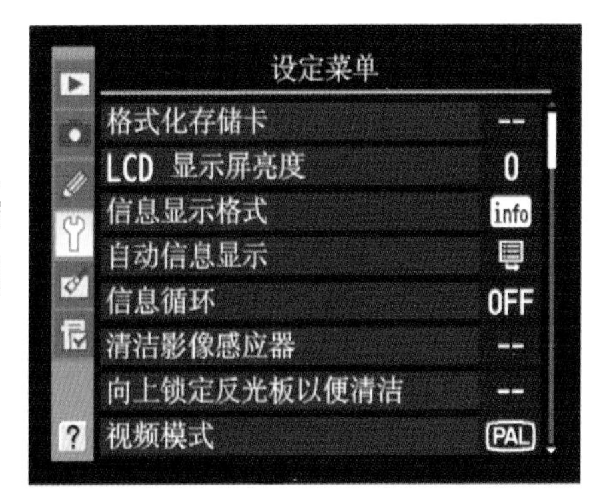

格式化存储卡

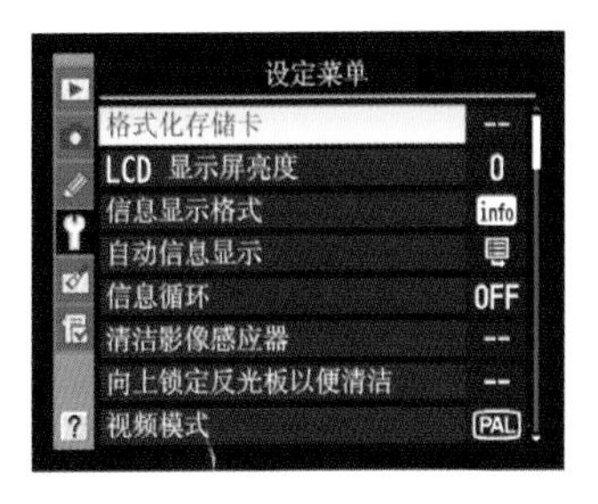

D5000的存储卡如需格式化(Format)，要在设定菜单的第一项“格式化存储卡”中进行，可直接将相机内的SD存储卡进行格式化，将卡内所有影像及保存的信息全部删除，必须非常小心地使用。在格式化前，请确保存储卡中的影像已完全下载到电脑中，并已经在电脑上妥善保存后，才进行格式化。在格式化期间，切勿关闭相机电源或者把存储卡取出，以免造成故障。

信息显示格式

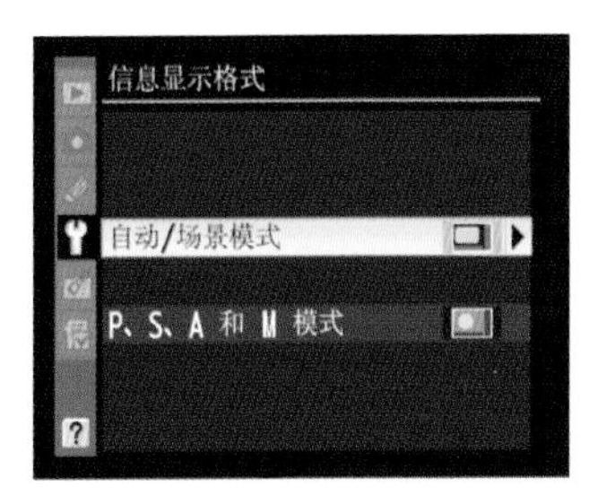

D5000设有两种信息显示形式，包括传统形式和图像形式。用户可分别为自动和场景模式以及P、S、A和M模式选择各自的形式，而且每种有3种色彩供选择。

信息显示格式

传统	图像

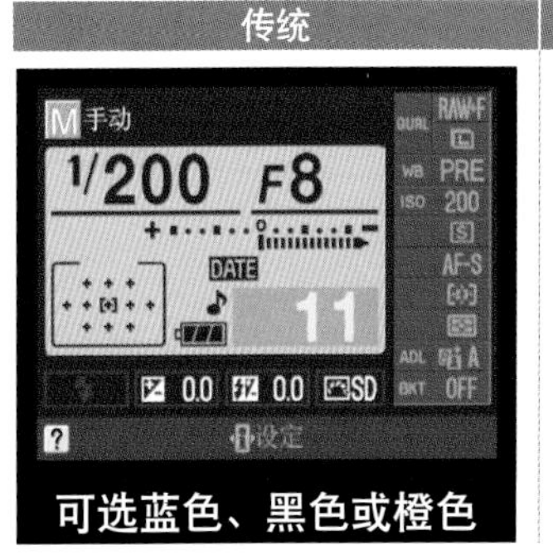

可选蓝色、黑色或橙色

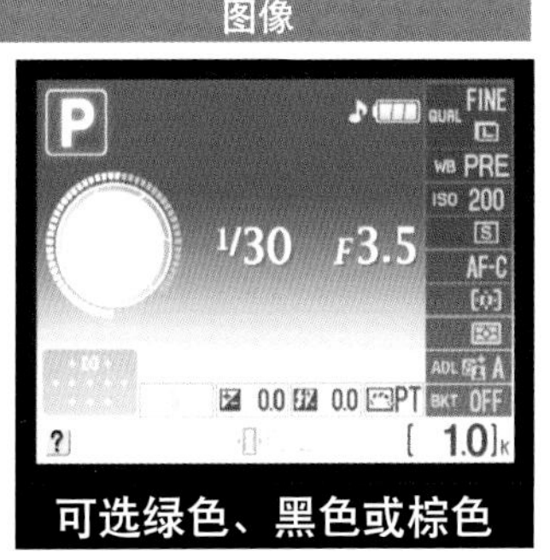

可选绿色、黑色或棕色

LCD显示屏亮度

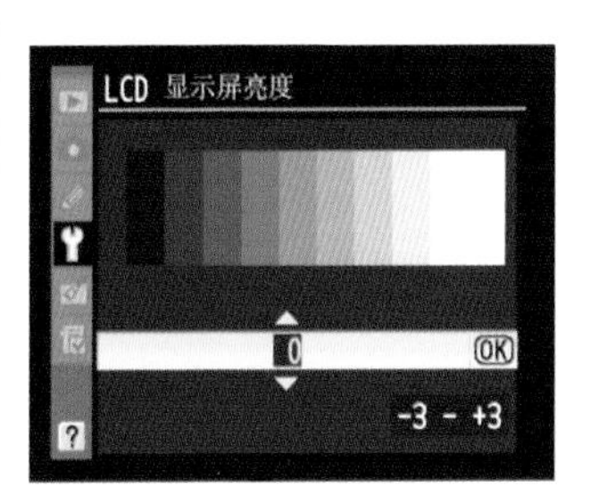

调整D5000的显示屏亮度，先进入“LCD显示屏亮度”选项，可以在LCD屏看到一组由黑到白的灰阶图，利用多功能选择器的上、下键调整，预设值为0，数值越大则屏幕越亮；反之，则越暗。理论上，最理想的亮度是在拍摄环境中可准确看到由黑到白共10格灰阶之间的差异变化。若设定得太暗，暗部会变得不太清楚；若LCD的亮度设定得太亮，暗部则会不够黑，高光位也可能难以看出分别，建议用户根据所处的照明环境灵活地改变LCD屏的亮度。若“自动变暗”的选项选了“开启”，LCD会在显示拍摄信息时逐渐变暗。

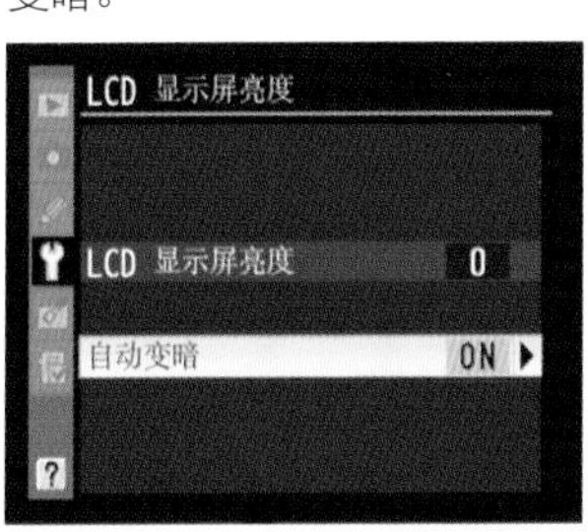

自动信息显示

D5000这种独特的信息显示方式可以说源自于D40x，然而用户可以选择是否经常显示这个画面。在此设定中可以分别为自动和场景模式以及P、S、A及M的模式设定会怎样显示这些信息画面。若选择了“开启”，信息显示将在半按快门释放按钮后出现，一旦影像查看处于关闭状态，在拍摄后会立即显示，故若用户需要经常参考此信息显示，不妨选择“开启”。若选择“关闭”，则只可在按下“info”按钮时才能查看这个信息显示。正如左边“信息显示格式”的画面选择，拍摄时的设定都会在机身背面的彩色LCD上显示出来。

信息循环

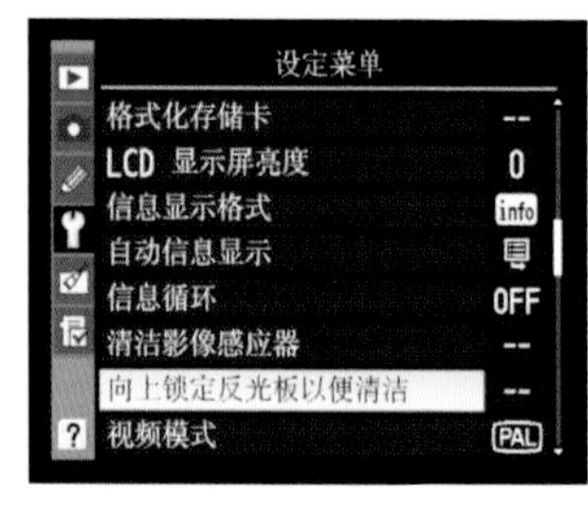

在信息显示画面中，用户可以按机身背面的“i”按钮即时更改各项常用功能表的位置，若在此项中选择了“开启”，光标会从信息显示的一边“循环”到另一边，这样便可增加调选时的灵活度和速度，建议选择开启。

向上锁定反光镜以便清洁

若尘埃无法用自动方式清理，可利用此项目进行手动清理。用户可利用如气泵或者其他专业的清洁工具对影像传感器进行清洁。使用此功能时，要把镜头拆下，并选择开始，LCD便会显示相关的指示，要求摄影师按下快门释放按钮，让反光镜升起以及让快门开启。在完成清洁后，只要把相机关闭，反光镜便会自动放下，快门也会关上。使用期间，当相机测量到电量较低时，便不能使用此项功能，必须换上足够的电源才能执行，以确保安全，避免在中途无电而突然降下反光镜造成损坏。

清洁影像传感器

D5000与D90一样，可在开关相机时，利用4种不同音频的超声波，把影像传感器上的低通滤镜的灰尘震走。在这个选项下，可选择“立即清洁”进行即时清洁，也可选择“启动/关机时清洁”的方式，相机会自行在每次开机时进行清洁，在每次关机时进行自动清洁或在关机开机时均进行清洁或关闭清理功能。

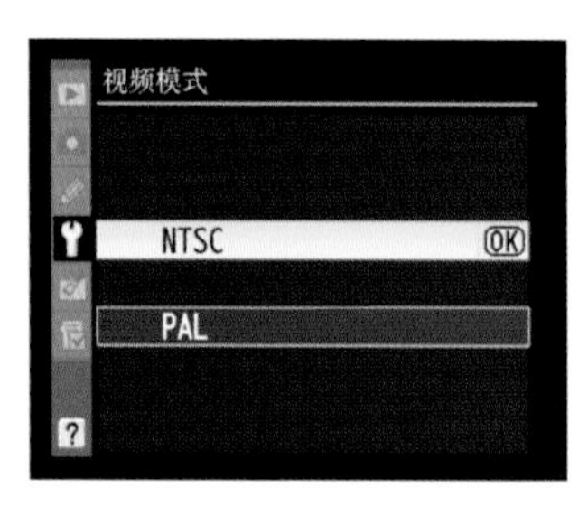

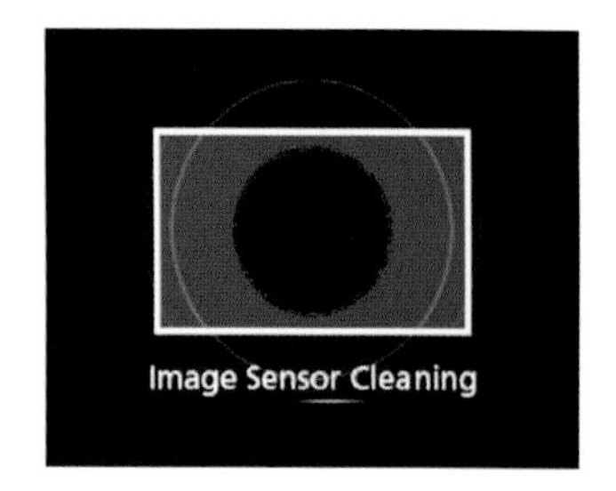

视频模式

D5000可使用视频输出线连接电视或者显示屏，所以用户可以在此项目设定输出视频的制式，分别有NTSC及PAL两种制式可供选择。

HDMI

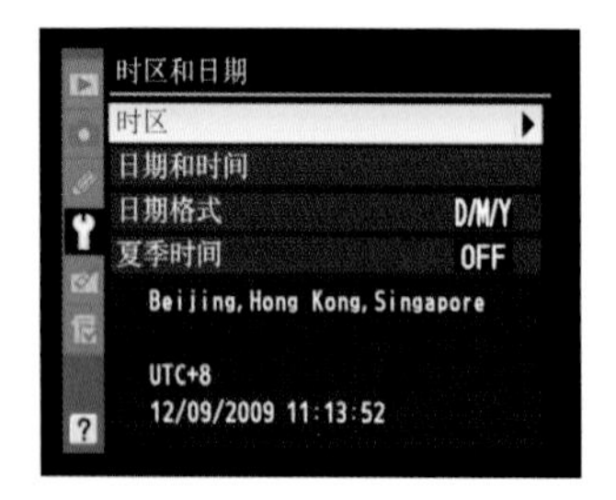

D5000配备高清的输出，可以使用另购的C型HDMI线，把相机连接到高清显示器材上进行即时观看，让摄影师可以在高清电视上进行取景。D5000支持高清影像显示，可选择“自动”、“480p（逐行）”、“576p（逐行）”、“720p（逐行）”以及“1080i（隔行）”，以对应所输出的显示器材。建议设定为“自动”，由D5000自动辨别所需要的输出分辨率，避免麻烦。

时区和日期

建议在使用D5000前，最好先把这个项目设定好，以免所拍摄的影像带有不正确的时间和日期信息。此项目可以选择时区，以香港为例，应该设定北京时区，即是“Beijing，HongKong，Singapore、UTC+8”，之后应该设定日期及时间，D5000可以设定年/月/日及时：分：秒共6种数字。摄影师也可以按照自己所在地惯用的日期格式，自选合适的日期显示模式，例如年月日、月日年或日月年。

最后，还可以设定夏令时间。所谓夏令时间是指一些地区在夏天时，会把时钟拨快一小时，让整个社会早一个小时运作，以利用日光的照明，节省整个社区的能源消耗。香港在20世纪70年代之前也曾执行夏令时间，但目前已经停止采用，因此，可以将这个项目保持关闭。

语言（Language）

D5000内置17种语言显示，用户可以按照自己所在地区选择所惯用的语言。

▲用户不用担心当选错了语言后，会因为看不懂而无法返回菜单正确位置进行修改，因为相机会提供英文单词“Language”以作识别

影像注释

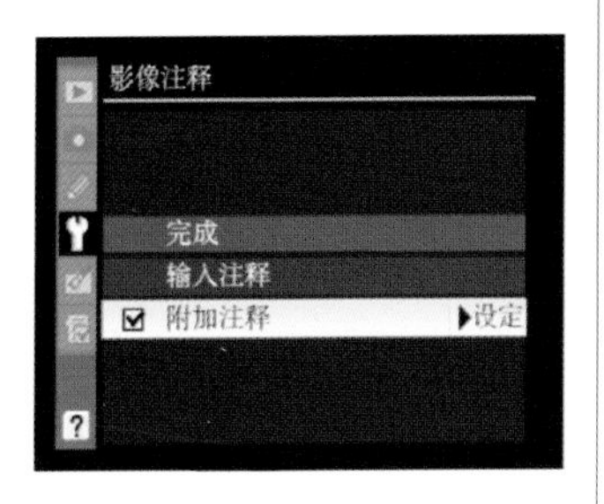

在这个选项中，用户可以为照片添加注释，在相机上便可看到“Comment”的字样，表示影像注释已加入这个文件中，之后可用相关软件，如View NX或Capture NX 2进行查看。

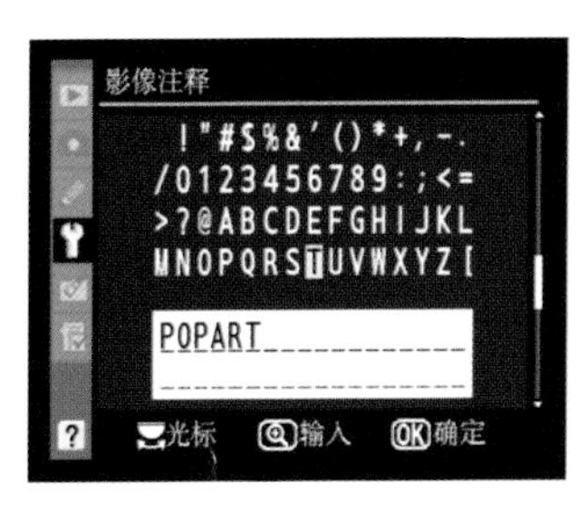

自动旋转影像

竖直拍摄时，相机默认把这个功能开启，因此所拍摄的影像包含了影像旋转的信息，这项功能对单张拍摄的影像相当有用。若在连拍模式下使用这项功能，D5000则会记录第一张照片拍摄时所处的横或竖直状态，之后拍摄的所有照片均按第一张的状态进行统一处理，因此，对于一些经常横拍、直拍的摄影师来说，最好在连拍时一旦改变了拍摄方位，就立即把快门松开再按下，以记录最新的旋转信息。特别提示，如需要在LCD屏中显示竖直的影像，则必须将播放菜单中“旋转画面到竖直方向”的选项设为开启。

影像除尘参照图

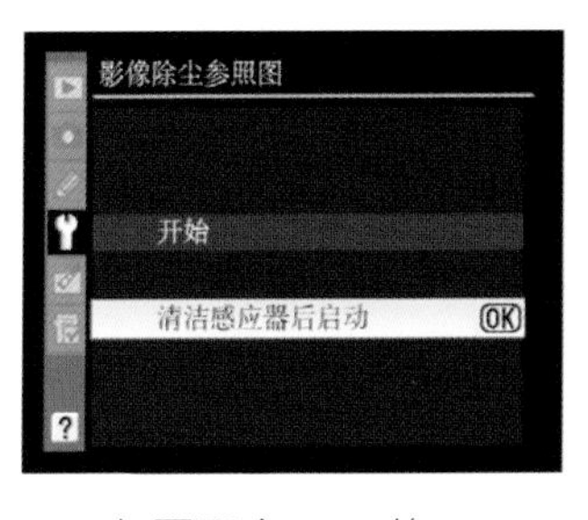

如要配合Nikon的Capture NX 2软件中的除尘选项，便需要利用此“影像除尘参照图”功能拍下含有尘埃位置的照片，以作为软件执行除尘工作的依据。此功能有两个选项，包括“开始”和“清洁传感器后启动”。选择“开始”相机便马上启动除尘参照图的拍摄，而选择了“清洁传感器后启动”，则是先启动D5000的机内除尘震动，再开始拍摄除尘参照图。建议使用“清洁传感器后启动”，使用时应以50mm或以上焦距的镜头拍摄距离镜头10cm外的纯白景物，例如白纸，焦点应设定于无限远，这样有利于拍下CMOS内的所有尘埃。

GPS

D5000也可使用另购的GP-1 GPS装置，在拍摄时可以同时记录位置信息。在这个项目中有两个选项，第一个“自动测光关闭”若选择“关闭”，可避免因为在个人设定“c2自动关闭延时”设定的测光关闭而造成GPS信息不能记录的情况；第二个选项“位置”则在GP-1连接有效后显示目前的纬度、经度、高度和协调世界时(UTC)。

◀ GPS的选项要配合另购的GP-1 GPS装置使用

Eye-Fi上载

此选项平时不会显示，只有加入了Eye-Fi存储卡时才会见到，例如Eye-Fi Card、Eye-Fi Home、Eye-Fi Share 及 Eye-Fi Explore等的2GB Eye-Fi卡，这种存储卡可以连接无线网络，直接将JPEG照片上载到预设的文件夹中。如果存储卡没有连接到网络，照片则不会传送。

固件版本

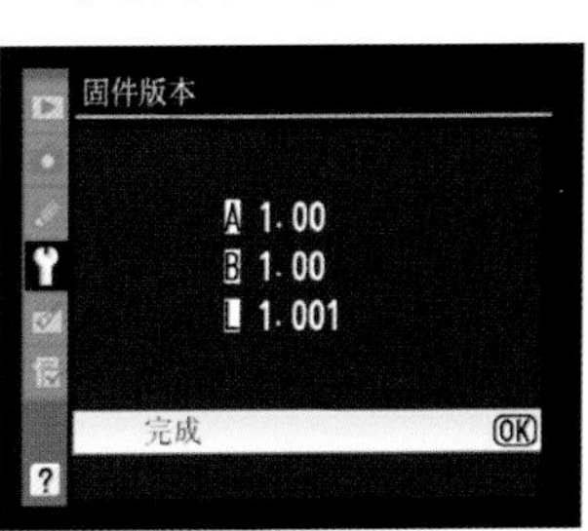

在这个选项下，可以查看D5000目前所使用的软件(Firmware)，如发现所使用的软件并非最新的版本，可以按照Nikon的指示自行进行升级处理。

▶ 欲知D5000是否有软件更新，可以到Nikon的网站(www.nikon.com.cn)查阅，在“支持及下载”下选择“知识库和下载”，网站会设有可供查阅的项目，其中包括软件更新，用户能查阅及下载

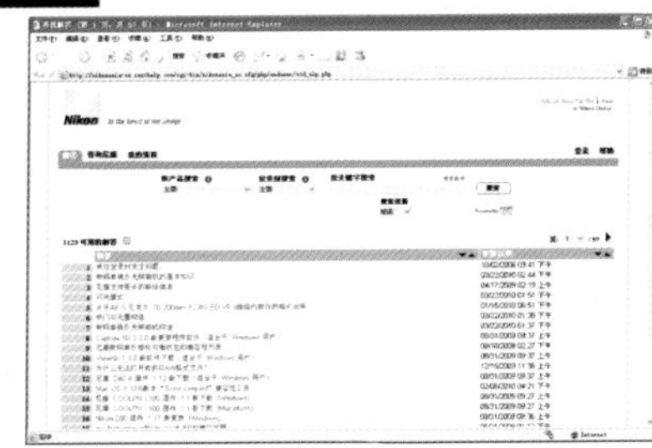

润饰菜单

“润饰菜单是一组多达16种内置影像处理的功能，这些内置的影像处理能够把存储卡里的影像处理成多种效果，不用电脑也可以进行照片处理。”

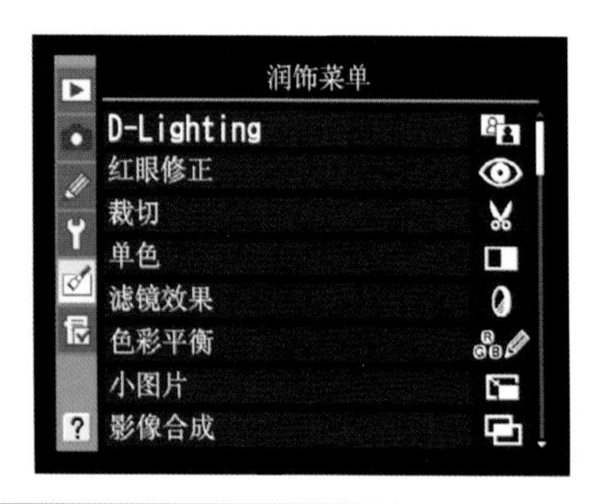

▶D-Lighting

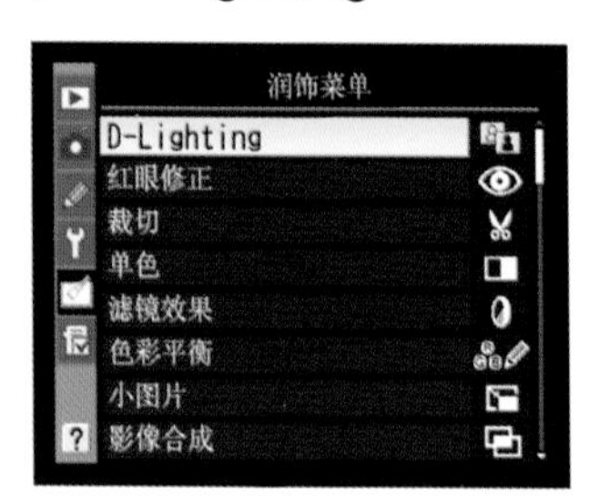

这个项目的效果有如动态D-Lighting，可把照片阴影部分增亮，以使黑暗或逆光照片达到理想的效果。可选择高、标准和低，使用时可预视效果。

▶红眼修正

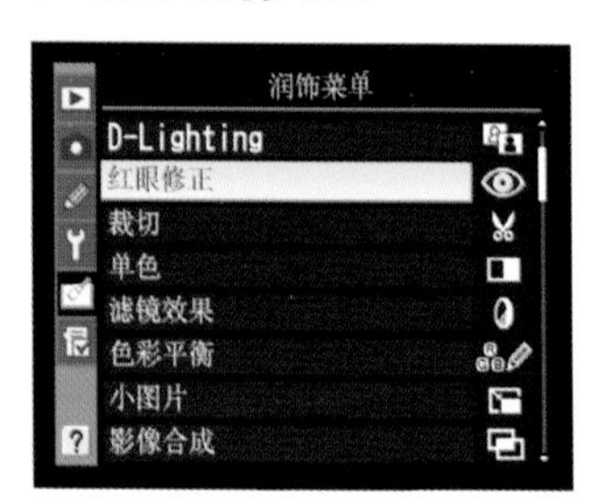

红眼修正主要是用来消除因闪光灯导致人像眼睛出现的“红眼”，它能侦察所选择的照片是否出现红眼现象。使用此功能时，可利用画面内的放大及缩小按钮，查看需要处理区域的效果；之后，便可以按下OK按钮，完成红眼修正的处理，并建立一个红眼情况减轻的版本。然而当相机侦测不到红眼时，并不会产生新的版本，用户需要留意，此修正未必一定能获得预期的效果。

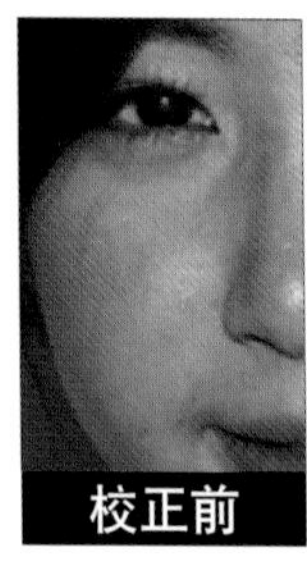

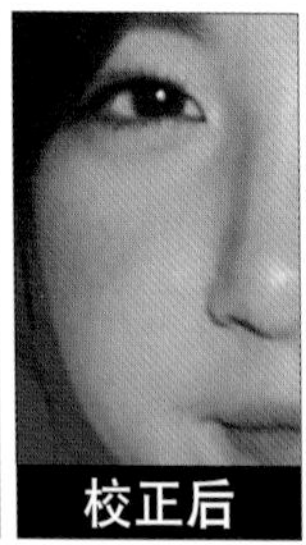

▶裁切

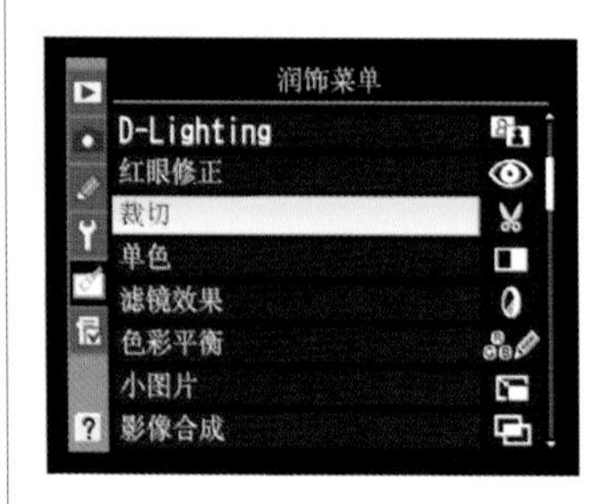

此项目打开后，先选择需要处理的影像缩略图，再利用放大及缩小按钮选取剪裁的位置，并且可利用多重选择器把剪裁的黄色线框移动到准确的位置，之后便可以按下OK按钮，制成经过剪裁的副本。无论是处理NEF（RAW）、TIFF还是JPEG文件，最后剪裁完成的副本均是JPEG影像格式。另外，有5种剪裁比例可以选择，分别为3：2、4：3、5：4、1：1和16：9。

▶单色

这里提供了黑白、棕褐色、青蓝色3种单色照片效果，以改变照片的色调。

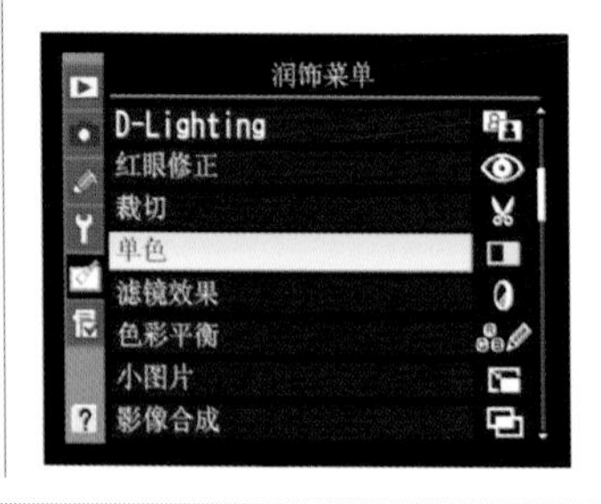

使用时，可以先设定使用黑白、棕褐色或冷色调，然后选择照片，还可以利用多重选择器的上、下按键，增加或减少色彩的浓度，最后按下“OK”按钮，完成了单色照片的制作。

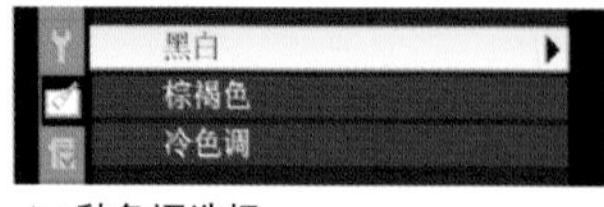

▲3种色调选择

▶色彩平衡

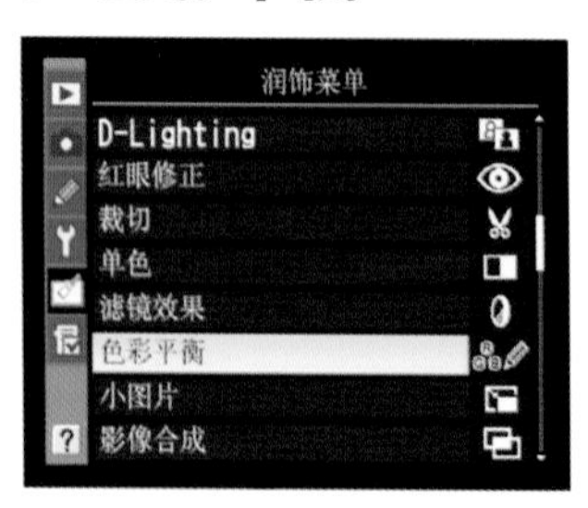

这是一个灵活的色彩均衡调整功能，进入后可清楚看到所选照片及一个色彩变化的方格，利用多重选择器，可以选择色彩偏移的位置，并即时查看，向上增加绿色、向右增加琥珀色、向下增加洋红、向左则增加蓝色。同时会显示R（红色）、G（绿色）、B（蓝色）3个直方图，以查看色彩变化。

▶小照片

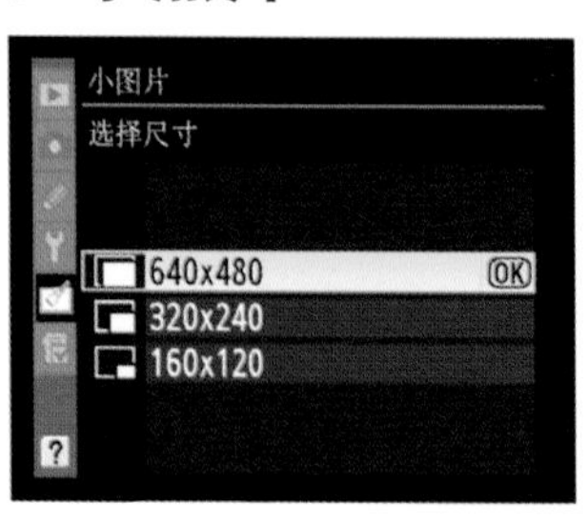

这项功能可以缩小照片原本的分辨率，可以改为640像素×480像素、320像素 ×240像素和160像素×120像素，方便电视显示、邮件传送及上载到网页等。这项功能可以一次性处理多张照片。

▶滤镜效果

D5000的滤镜效果提供了多种数码滤镜功能，包括天光镜、暖色滤镜、红色增强镜、绿色增强镜、蓝色增强镜、十字滤镜和柔和。其中天光镜可以令照片的蓝调降低，而暖色调的滤镜则提供轻微的暖色效果，红色、绿色和蓝色增强镜则分别增强特定的颜色，至于十字滤镜效果就会让光源增加星形放射。

各种滤镜效果

天光镜

暖色滤镜

红色增强镜

绿色增强镜

蓝色增强镜

柔和

十字镜滤镜效果

原片

十字滤镜

▶NEF（RAW）处理

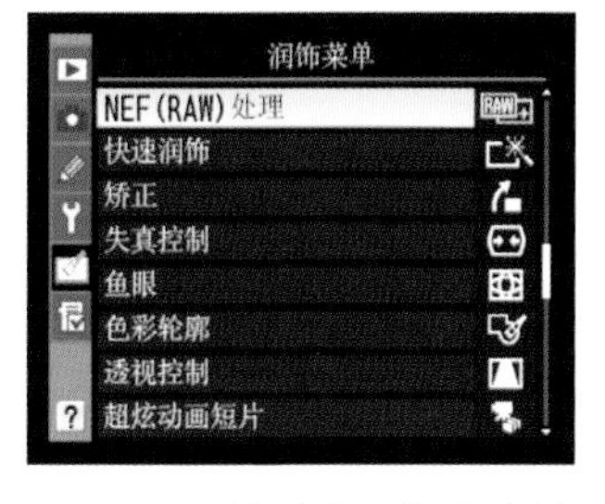

D5000能够在相机上直接将NEF(RAW)影像转存为JPEG文件，JPEG文件可方便电邮或上传到互联网分享，也可输出打印，目前只有少数相机能够直接在机器上做到即时把RAW转存为JPEG，Nikon则是其中一家。没错，此功能可以将NEF文件处理成JPEG照片，在输出时，还可以设定JPEG的影像品质、影像尺寸、白平衡、曝光补偿和设定优化校准，而设定优化校准这一项更是精要所在，建议用户熟悉和了解优化校准的功能，好好利用它，以获得最佳效果。当对各种设定调整好后，便可按“EXE”键执行文档格式转换。

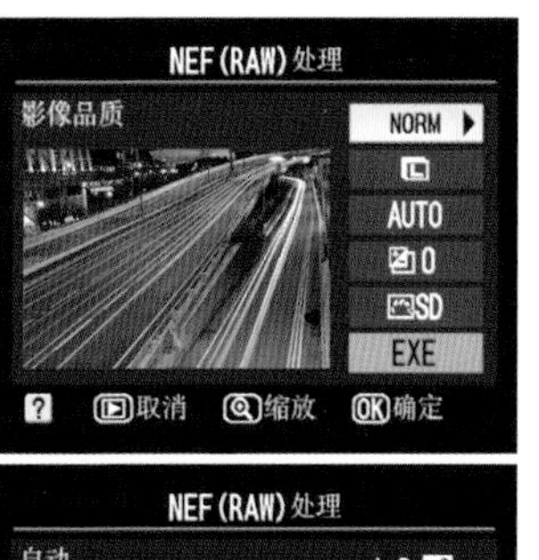

▶影像合成

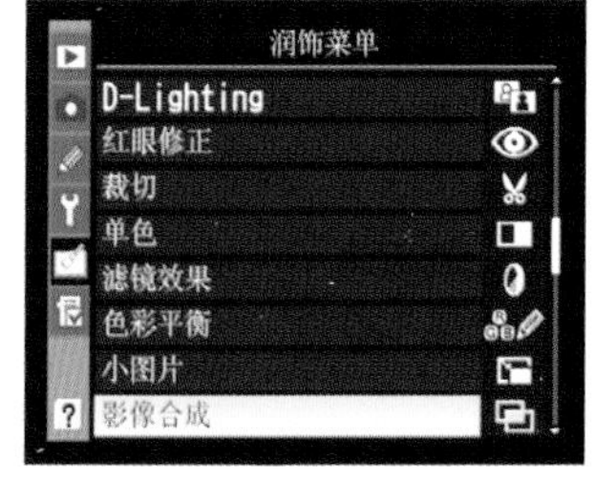

这项润饰功能只限用于NEF(RAW)影像，可将两张已保存在存储卡里的NEF(RAW)照片结合成单张的影像，并另外独立保存为一个新文档。因为此功能是利用RAW信息，故效果会比使用程序后期制作合成影像更优。新的影像会以目前影像的品质和尺寸设定进行保存，所以在建立合成影像之前，应设定好影像品质和尺寸，用户也可以选择建立NEF(RAW)版本的影像。在进行合成时，可在缩略图中逐一选择两张照片，在合成时可以选择画面的增益数值，范围是0.1×～2.0×，2.0x时就相当于一倍，如此可改变合成时的明暗程度，以符合自己预期的效果。

影像1

影像2

合成的影像

一触即拍
认识相机
拍摄体验
菜单分析
扩充性能
影像处理
附录

▶快速润饰

对一些摄影师来说，他们多数会把照片上传到互联网上，这个功能就十分适用。因它可快速增加照片的饱和度、对比度，以及可选择不同的D-Lighting效果，让用户快速调整照片的色彩效果，处理之后会另存一个为JPEG文件，不会影响原片。这最适合要快又要影像看起来够好的用户，而大部分的照片在此功能下都有不俗效果，算是既容易又有效的功能。

处理前

处理后

▶鱼眼

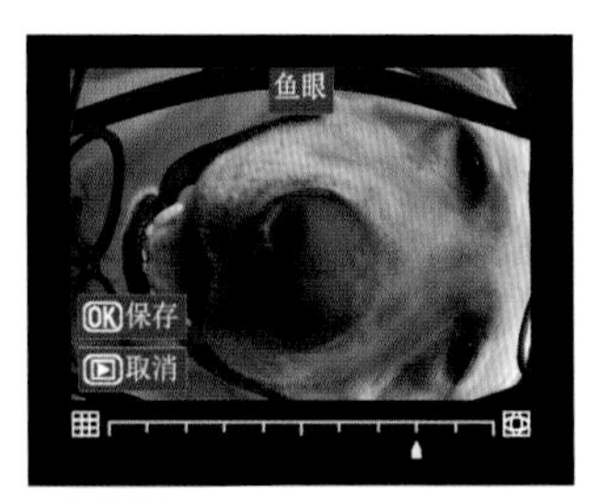

若想照片有鱼眼效果，不一定要购买鱼眼镜头，利用这个特别效果功能就可以做到！它可将正常的照片变为鱼眼效果，用户可以按照需要按动左右键来调整强度，注意每次修改都会有边缘部分被剪裁掉。

处理前

处理后

▶矫正

有时可能在匆忙之中取景拍摄，没有仔细地进行水平校正，加上手持相机也不易拿握水平，所以拍摄出来的照片难免有点歪，那么就可以使用这项功能来修整，每次调整会以0.25°转动照片。

处理前

处理后

▶失真控制

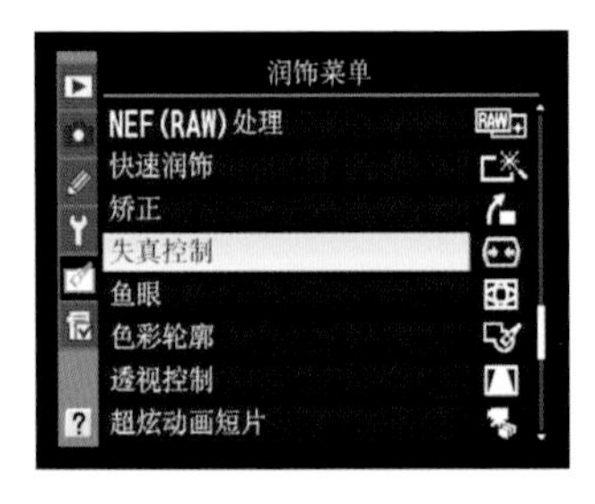

由于每支镜头都有光学上的失真问题，因此D5000在拍摄菜单上已设立了“自动失真控制”这项功能。我们可以在润饰菜单中选用这“失真控制”功能，自己来修正照片的失真情况。可以针对桶形失真和枕形失真进行修正，而其中还有“自动”选项，只要用户采用的是G型或D型镜头，那么D5000的自动修正就能生效。在“手动”选项时，向右是针对桶形失真进行修正，而向左则是针对枕形失真进行修正。

▶色彩轮廓

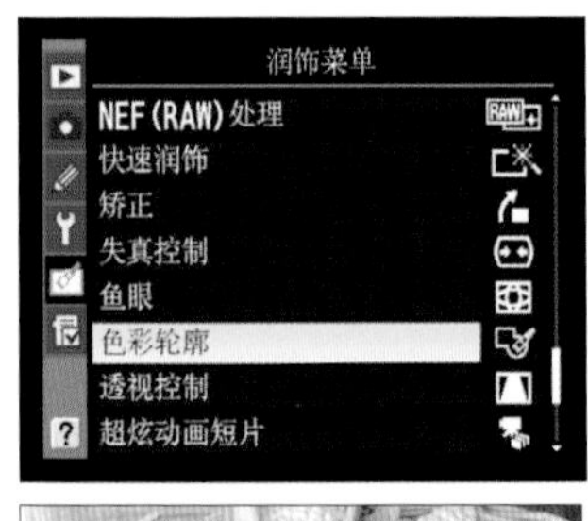

这个功能建立在作绘画底版的轮廓版本，对于一些喜欢画画的用户，使用这个功能可以随时将照片变成一幅可填色的画，非常方便。

一触即拍
认识相机
拍摄体验
菜单分析
扩充性能
影像处理
附录

▶透视控制

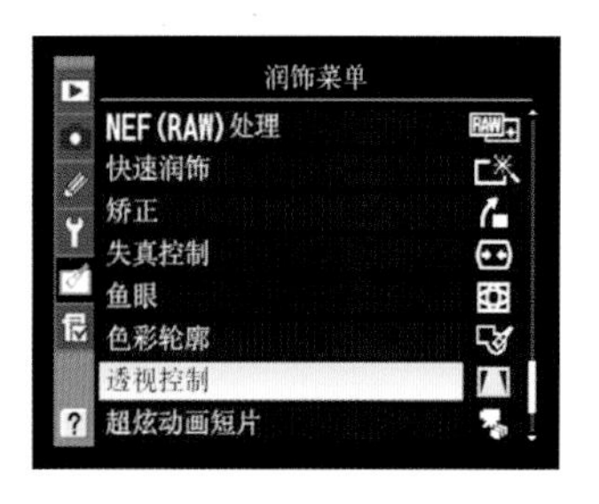

不少人在拍摄建筑物时都会发现，若从宏大的建筑下仰角拍摄，会令物体下宽上窄，用此功能便可减少这种透视效果。使用时要用多重选择器调整透视效果，分别有上下和左右的透视，按下“OK”按钮便可制成一张新的照片，但注意此功能会对画面进行裁切。

▶并排比较

使用D5000润饰菜单处理过的照片，均可以使用此项功能作并排比较。只要播放经过修改的照片，再按下“OK”按钮，就可以开启并排比较功能，原影像会在左边显示，修饰过的版本则在右边，同时会显示文件编号。这个选项最有用的地方是可以即时看到处理过的图像与原影像的分别，还可以按上下键来看其他版本的变化。

▶超炫动画短片

这是D5000里一个非常新颖而且相当有趣的功能，称为“超炫动画短片”，可让用户简单地根据LCD上所示的步骤，把D5000所拍摄的照片建立成Stop-motion的动画短片。用户可选择不同的短片大小，包括640像素×480像素、320像素×240像素及160像素×120像素，而每段短片最多可加入100张照片，另外可以选择画面的播放速度(fps)，即每秒显示画格的频率。用户可尝试用这功能制作网上的有趣动画，如可以用D5000的连拍模式拍摄，然后将一连串的动作变成动画；又或者有些用户喜欢画动画卡通，也可以利用此功能来完成拍摄制作的步骤，大大增加创意。

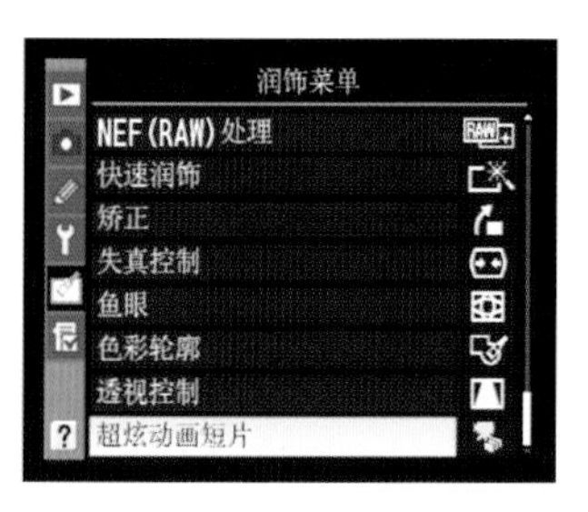

我的菜单

“用户可能想更快地调节自己常用的各种菜单设定，‘我的菜单/最近的设定’就可以帮忙。‘我的菜单’就是自定义主要菜单选项的显示，而‘最近的设定’则可以查看到最近用过的选项，有效提升设定相机的效率。”

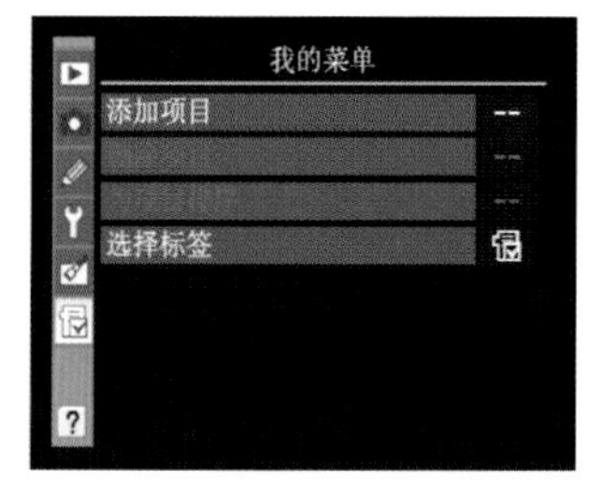

“最近的设定”是记录下最近使用过的20个设定组合，按照使用时间先后顺序添加至菜单顶部；而“我的菜单”则是由用户自己把需要的播放、拍摄、个人设定、设定和润饰菜单里的选项列入清单，方便随时使用。而这两种菜单显示可以通过这栏中的“选择标签”项目来进行切换。

在“我的菜单”中，用户可以将想要的菜单项目添加列入“添加项目”中，最多可达20项。若不需要某些项目时，则可选择“删除项目”来删除，除了可以逐一删除外，也可选取多个项目同时删除。为了方便自己的习惯，D5000也允许用户将清单内的菜单项目排序，可以在“为项目排序”中按需要改变先后顺序，使D5000的调整功能放到最方便自己使用的位置，使拍摄时进行修改也变得更便捷。

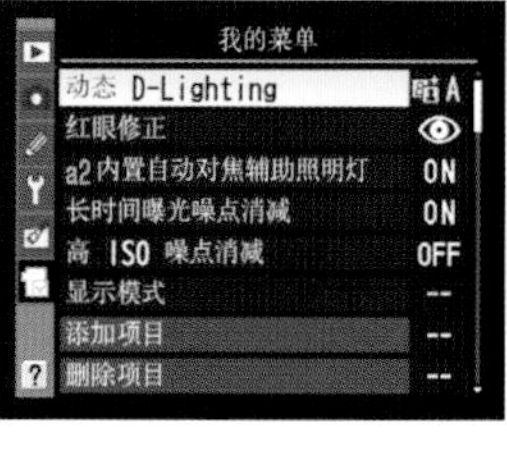

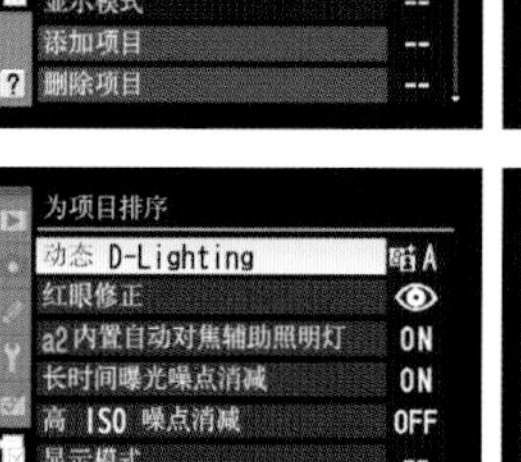

EXPANDING POWER OF D5000

充足的扩展性能

D5000不单秉承了Nikon多项重要的性能，更重要的是它也沿用了多种Nikon独一无二的扩展性能，其中不可不提的是F卡口和CLS创意闪光系统。Nikon的F卡口面世于1959年，今天的D5000仍然在沿用，性能也强化了很多。除了能把镜头的多种数据与相机进行交换的电子接点外，还有十分重要的AF自动对焦性能，D5000可以用到的AF-S或AF-I自动对焦镜头已超过30支，用户可以按需要任意选择。而闪光系统则是先进的TTL测光系统的延伸，令闪光灯这种人造光源同样可以在D5000上自由地发挥无穷的创意，而且从准确性到控制弹性都已经非常先进，甚至发展成无线遥控的TTL自动闪光。所以D5000绝对具有充足的扩展性，完全能满足拍摄的乐趣！

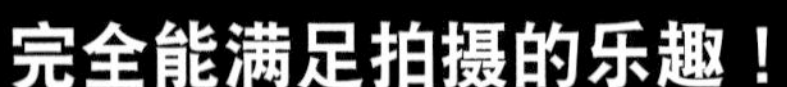

Nikon
ON
OFF
info
M
A
S
P
SCENE
AUTO

风景摄影镜头组合

“很多摄影师喜爱拍摄风景，他们对镜头要求很高，为了收纳宏伟的景色，往往需要画角广阔的广角镜头，例如AF-S DX Nikkor 10-24mm f/3.5-4.5G ED和AF-S Nikkor 14-24mm f/2.8G ED等，这些镜头的光学水准都十分高，足以让风景摄影师尽情享受拍摄的乐趣。”

轻便镜头最适合

风景摄影师需要携带大量器材跋山涉水，太过沉重的大型镜头反而会成为负担，建议使用轻盈的镜头，例如DX Nikkor 10-24mm f/3.5-4.5G ED和AF-S DX 12-24mm f/4G IF-ED都是很好的选择。

这两支DX超广角镜头十分轻便，它们用在D5000身上乘以1.5，仍能保持最广角端在15mm以上，方便创作，所以说这两支镜头是摄影师必购之选，足以应付大部分拍摄需要。在风景摄影时，可以缩小一点光圈以提高照片的清晰度。两支镜头的焦距和光圈相近，设计相当；在光学质量方面，即使全开光圈都有相当高的分辨率，因此无论我们选择哪支都不会后悔。

光圈：f/11，快门：1/2000 秒，感光度：ISO 400

▲超广角端很适合拍摄风景照片，收纳广阔的景象

不同焦距拍风景

TIPS

25mm

光圈：f/11，快门：1/500s，感光度：ISO 400

200mm

光圈：f/13，快门：1/640 s，感光度：ISO 400

▲风景摄影除了用广角镜头之外，长焦镜头也一样有用，使用长焦镜头可以捕捉较远的景物，因此，不少摄影师喜欢带高倍变焦镜头去旅行，确保“长短火”兼备

顶级镜头好选择

那些对风景有极高要求的用户，可能需要顶级的Nikon镜头，以追求最佳的锐利度和坚固的镜身，保证拍到理想的照片。如果不介意镜头沉重一点，是有很多选择的，例如AF-S Nikkor 14-24mm f/2.8G ED、AF-S DX Zoom-Nikkor 17-55mm f/2.8G IF-ED和AF-S Zoom-Nikkor 17-35mm f/2.8D IF-ED等。

这些都是Nikon最顶级的“镜皇”，光学表现优异，备有恒定f/2.8大光圈，坚固耐用，全天候防水滴防尘，能应付恶劣的环境，摄影师无须担心他的器材，因为这些镜头都能令他们充满信心地享受拍摄。当然需要为这些镜头付出多一点的体力和预算，但能获得更高的影像质量。

▲在DX镜头中，这支17-55mm f/2.8绝对是顶级的

▲此镜头具备了f/2.8恒定大光圈，用在D5000上相当于135格式的25.5mm～52.5mm

TIPS

配长焦镜头的需要

如果有需要，可以考虑配搭轻便的长焦镜头，最好是AF-S VR Zoom Nikkor 70-300mm f/4.5-5.6G IF-ED，这支镜头备有超长焦距，在D5000身上使用相当于105mm～450mm的焦距。加上VR功能的辅助和相对较轻的镜身，使它变成了方便易用的镜头，相信对不少风景摄影师来说，只要准备广角镜头和这支长焦镜头，就足以应付各种不同风景的拍摄了。

焦距广阔的选择

如果用户希望选择更轻便的镜头，那些焦距广阔的变焦镜头是不错的选择。建议选用AF-S DX VR Zoom-Nikkor 18-200mm f/3.5-5.6G IF-ED或AF-S DX Nikkor 16-85mm f/3.5-5.6G ED VR镜头，这两支镜头覆盖从广角到远摄，焦距实用而且镜身轻盈小巧，非常好用。如果希望在旅途中拍摄风景更为舒服，不妨考虑这两支镜头。

▲如果想轻便，也可以选用18-200mm f/3.5-5.6这类焦距广阔的镜头

DX广角首选

AF-S DX Nikkor 10-24mm f/3.5-4.5G ED

这支镜头用在D5000上，焦距乘以1.5，约相当于135画幅的15mm～36mm，视角非常广，其设计的本意就是为DX相机制作一支超广角镜。其规格和用料非常好，其两片ED镜片和3片非球面镜片，有效减少了色差和球面像差。内置的超声波马达，使对焦快速而宁静，加上只重460g的轻巧镜身，防水滴防尘的设计，影像质量也相当不错，即使全开光圈，镜头的中央仍能保持极为锐利的效果，摄影师可以放心使用。

▲这支10-24mm f/3.5-4.5用在D5000上面，相当于135画幅的15mm～36mm，是轻便好用的超广镜

极具威力DX广角镜头

AF-S DX Zoom-Nikkor 12-24mm f/4G IF-ED

这是第一支DX系列的镜头，一直以来都是风景摄影用户的首选，用在D5000上焦距乘以1.5时，相当于135画幅的18mm～35mm，与10mm～24mm不相上下。而此镜头的特色是使用了恒定的f/4光圈，保证了影像清晰锐利。为了提升光学表现，采用了两片ED和3片非球面镜，即使在最大广角端时，影像的边缘仍能保持一定水准。另外，内置的SWM马达使对焦宁静和快速。

▲如果选择这支12-24mm f/4，乘以1.5仍然有18mm～36mm焦距，适合风景摄影

顶级广角镜皇

AF-S Nikkor 14-24mm f/2.8G ED

当要选择质量更佳的超广角镜头时，这支14-24mm f/2.8“镜皇”绝对是一流的。只要预算充足，就可以享受这支镜头带来的锐利影像和极低失真的高影像质量。虽然此镜身稍重，但坚固耐用，在D5000上使用的焦距相当于135画幅的21mm～36mm，是拍摄风景的一流之选。如果查看此镜头的规格，会发现它使用了高质纳米涂膜，两片ED镜片和3片非球面镜片，因此在拍摄风景时，可以对其影像质量抱以很大的信心。

▲14-24mm f/2.8G绝对是Nikon的镜皇，加入了纳米涂膜，大大提高了锐利度

大光圈长焦镜头人像摄影

“人像摄影是很多摄影师喜欢的主题，摄影师也都会追求有质量的镜头，特别是大光圈长焦距镜头，这样能制造朦朦的浅景深，因此成为了不少人的至爱。而人像在瞬间会有千变万化的动作和姿态，镜头必须具有极快的对焦速度，再配合连拍，才更有利于捕捉人像的神态。”

长焦距镜头最合适

Nikon有很多质量非常好的长焦距镜头，例如AF-S VR Zoom-Nikkor 70-300mm f/4.5-5.6G IF-ED和AF-S VR 70-200mm f/2.8G IF-ED，这两支镜头各有特色。70mm～300mm属于轻便易用型镜头，焦距在D5000上面还会增加，相当于105mm～400mm，可以制造很好的影像效果；而70-200mm f/2.8就是镜皇级数，大光圈、长焦距和VR功能，绝对实用。

这些好用的Nikon长焦镜头都具有快速的对焦功能。人像摄影中，对焦准确是必不可少的，甚至比拍摄其他题材要求都高，人像摄影大光圈浅景深，清晰焦点范围极小，稍微的对焦错误，就会让照片失去清晰度，大大减弱影像质量。除此之外，人像摄影的镜头一般需要失真尽量小，因此很多人会选用80mm～105mm的焦距，因为它失真度低，能重现真实人像。

光圈：f/1.8，快门：1/500s，感光度：ISO 400

▲长焦距和大光圈令人像照片有极浅景深，人像更为突出，因此选择人像镜头，也以长焦距及大光圈镜头为主

TIPS

人像摄影首选长焦镜头

人像摄影的镜头常选用中焦距镜头或长焦镜头，首先是因为长焦镜头可以有效制造浅景深，将复杂的背景朦胧化，以突出主体人像。而且人像摄影常拍摄模特儿的半身以上，中焦距至长焦距已够用了。加上长焦镜头比广角镜头的失真度低，所以就更适合人像摄影了。

大光圈浅景深镜头

除了长焦距镜头之外，还有不少好用的大光圈中焦距镜头也是不错的选择，例如AF-S Nikkor 50mm f/1.4G，此镜头在Nikon D5000上面，相当于75mm的焦距，正好接近传统的80mm人像镜头，而且具备大光圈，制造出的浅景深非常夸张，这样即便再杂乱的背景也不会影响人像。

由于D5000的感光元件是APS-C画幅，Nikon的镜皇AF-S Nikkor 24-70mm f/2.8G ED在乘以1.5之后，焦距相当于135画幅的36mm～105mm，并带有大光圈，一样可以用来拍人像。

另外，想选用最佳镜头，可以考虑AF-S Micro Nikkor 60mm f/2.8G ED及AF-S VR Micro-Nikkor 105mm f/2.8G IF-ED，虽然这两支是微距镜头，但并非只可拍微距，一样可以进行常规拍摄，它们对焦快速，又有极大光圈，制造的浅景深绝对一流。

▲大光圈镜头的柔和浅景深，使杂乱背景不干扰主体，十分有效

▲80mm左右的镜头胜在失真小，影像自然，因此不少人像镜头都指80mm镜头

远摄镜头

AF-S VR Zoom-Nikkon 70-200mm f/2.8G IF-ED

除了70-300mm f/3.5-4.5镜头外，还可以选择这支更高级的AF-S VR 70-300mm f/2.8G IF-ED。此镜头由全金属制造，极为坚固耐用，绝对可以应付高强度的拍摄，即使带着它四处奔波，也不用担心镜头会受损。这个镜头用到15组21片镜片，并有ED镜片，大大提升了影像的稳定性；而恒定的f/2.8光圈，配合VR防震，令拍摄的照片更为清晰锐利。相信大家不会怀疑它的影像质量，其锐利度早已得到证明，而克服失真和四角失光也不成问题。总之它就是Nikon变焦长焦镜头的代表力作。

▲此镜头非常轻便易用，又具备VR功能，影像质量不错，是相当好用的镜头

VR超长焦镜头

AF-S VR Zoom-Nikkor 70-300mm f/4.5-5.6G IF-ED

这支镜头是非常轻便的长焦镜头，不用担心镜身过重导致携带不便，很适合人像摄影。此镜采用VR防震功能，加强了手持拍摄的稳定性，并弥补小光圈的不足。焦距在D5000上相当于135画幅的105mm～400mm，长焦距制造的浅景深，用起来十分上手，正适合那些喜欢人像摄影的用户。同时它选用了两片ED镜片，加上对焦快速，镜头影像质量非常不俗，完全不用担心其锐利度。

▲此镜头用在D5000上，焦距相当于135画幅的105mm～400mm，也适合人像摄影

微距镜头也可拍人像

AF-S VR Micro-Nikkor 105mm f/2.8G IF-ED

如果用D5000拍摄人像不妨试试这支Micro 105mm f/2.8镜头，虽然它是一支微距镜头，但用来拍摄人像也十分好用。它不但对焦快速准确，而且光圈很大，一定可以制造出令人满意的浅景深。此支镜头的影像质量也绝对一流，锐利度十分高，由于用了纳米涂层，因此照片的层次也很好。而且它又可以作为微距镜头使用，一镜二用，物有所值。

▲虽然这支是微距镜头，但D5000的用户也不妨试试用来拍人像，一样好用

Snapshot摄影镜头组合

“Snapshot很好玩，不少朋友喜欢Snapshot可以不受时间地点限制，随时随地拍摄照片。而Nikon D5000机身小，功能实际，最适合喜欢Snapshot的用户。Nikon还有很多适合Snapshot的镜头，用户选择时，可以将焦点集中在轻巧易用、对焦快速的大光圈广角镜头上。”

大光圈镜头保持较高的快门速度

Snapshot要求快速准确，能把握稍纵即逝的影像，这样才能拍到更多的现场环境，因此，不少用户喜欢使用大光圈广角镜头，例如AF-S DX Zoom-Nikkor 10-24mm f/3.5-4.5D、AF-S DX Zoom-Nikkor 12-24mm f/4 IF-ED、AF-S DX Zoom-Nikkor 16-85mm f/3.5-5.6G ED VR及AF-S Nikkor 24-70mm f/2.8G ED等。这些镜头都是AF-S系列，对焦快速，覆盖广角至中焦距。

另外，选择大光圈镜头还有其他原因，Snapshot经常是在城市中捕捉动态影像，在复杂的光源下，光线的对比度会差异较大；同时，拍摄动态人物必须保持高速快门，如果遇上低光环境，那么大光圈就十分有用。当然Nikon不少镜头都具有防震的VR功能，也十分有用。

▲Snapshot的镜头要求对焦快速，要在拍摄对象未发现时已对焦完成，拍摄到预期中的照片

TIPS

可拍Snapshot的常用焦距

中焦距

▲中焦距的镜头方便在稍远的地方拍摄，不干扰拍摄对象

广角

▲广角镜头可以把较多景物收纳入画面，也是常用器材

广角镜头很有用

除了大光圈能有效提升快门速度外，很多用户特别喜爱用广角镜头和标准镜头拍摄。用广角镜头的好处是Snapshot经常会尽量靠近主体，广角端即使很近，对焦也没有问题，同时还收纳了广阔的景物，让主体和环境都充分记录下来。此外，广角镜头可以夸张近距离的景物，让主体更为突出。很多喜爱Snapshot的摄影师已习惯不看取景器，单靠直觉和经验拍摄，那用广角镜头就更容易了，有助于成功拍摄。

另外，很多人用50mm标准镜头拍摄，因为这种镜头的画角近乎于人眼，基本上我们看到什么，50mm拍到的就是什么，非常方便写实。而Nikon D5000由于要乘以1.5，因此35mm就相当于D5000的标准镜头了。AF-S DX Nikkor 35mm f/1.8G用在D5000上，相当于135画幅的50mm镜头，这个画角与接近人眼，能轻易捕捉到眼前的景象，因此广受Snapshot用户欢迎。

Snapshot以人为目标

Snapshot经常以人为目标，拍摄那些瞬间呈现的有趣画面，因此要求拍摄快而准确，机不可失。摄影师往往在正式拍摄前就准确好相机和器材，甚至设定好光圈、快门，而且对自动对焦有极高要求，镜头对焦要快要准，不能迟缓，还要够静，太吵会引起拍摄对象的注意，不利于Snapshot！

▲现在D5000的DX镜头全部都加入了SWM马达，对焦噪声很少，不会引起拍摄对象的注意

TIPS

对焦要快速

由于Snapshot经常是拍摄稍纵即逝的景象，对焦快速的镜头非常重要，过去很多摄影师甚至使用超焦距来拍摄，但现在的镜头对焦快速，而且现在D5000使用的镜头都加入了SWM静音马达，对焦又快又宁静，绝对方便Snapshot。

好用的顶级镜头

AF-S Nikkor 24-70mm f/2.8G ED

这支镜头是Nikon的镜皇，其拥有f/2.8光圈和纳米涂膜，成为用户至爱的广角至中焦距镜头。用在Nikon D5000上，其焦距相当于135画幅的36mm～105mm，正好与人像镜头的焦距相近，用来拍人像就十分好用了。此镜头的影像质量一流，锐利度十足，失真度也非常低，并且四角失光也控制得很好，相当适合拍摄人像。

▲此镜头不但有大光圈，而且对焦快速，适合用来Snapshot

焦距非常实用

AF-S DX Nikkor 16-85mm f/3.5-5.6 ED VR

这支镜头焦距极为实用，其16mm～85mm焦距相当于135画幅的24mm～127.5mm，应用可谓极方便，24mm正适合Snapshot之用。而127.5mm也有用，有时Snapshot时，可以在远一点的距离来拍摄，很实用。此镜的VR II防震功能，大大增加了手持拍摄的稳定性，对Snapshot的画面质量有直接帮助，加上其内置的SWM马达，使对焦更快速准确，绝对适合Snapshot。

▲此镜头焦距相当于135画幅的24mm～127.5mm，拍摄Snapshot极为方便

大光圈快速镜头

AF-S DX Zoom-Nikkor 35mm f/1.8G

Snapshot的朋友考虑用这支35mm镜头是不错的想法，因为其焦距在D5000上相当于135画幅的50mm，与人眼视角接近，可以很快捕捉画面。其f/1.8大光圈也很实用，即使在低光环境下拍摄也是一流的！此外，这支镜头的体积小巧，不容易被人觉察，近距拍摄够方便，最适合那些Snapshot的用户使用。这是一支对焦很快速的镜头，很容易对准拍摄的主体，SWM马达使对焦变得宁静，十分实用！

▲这支35mm相当于135画幅的50mm，与人眼视角接近，加上大光圈，Snapshot一流

如何搭配体育摄影镜头

“如果你喜欢体育摄影，一定可以体验到这个题材的刺激。体育摄影最大的特色是速度和瞬间的捕捉，要拍摄这些高速画面，往往要采用快速对焦和灵活的镜头。由于运动竞技需要一定空间，又不可以干扰运动员的比赛，因此，长焦距镜头是必不可少的。”

高质量顶级长焦镜头

Nikon在开发长焦镜头方向不遗余力，其镜头已增添了防震设计、ED镜片、SWM马达和纳米涂膜等新技术，力求让镜头的功能更趋完美。运动摄影所用的长焦镜头可以有很多选择，例如AF-S VR Zoom-Nikkor 70-300mm f/4.5-5.6G IF-ED和AF-S VR 70-200mm f/2.8G IF-ED D等，这些镜头正是加入了大量的先进科技，以应付要求很高的体育摄影。这些运动摄影的长焦镜头，一般是专业摄影师和发烧友的最爱，往往较为昂贵，但又坚固耐用，光学质量表现极佳，如果预算充足，当然要选择顶级的“镜皇”，例如AF-S VR Nikkor 200mm f/2G IF-ED、AF-S VR Nikkor 300mm f/2.8G IF-ED和AF-S VR 200-400mm f/4G IF-ED等。这几支镜头的影像质量极佳，又备有VR功能，对焦速度很快，是拍摄运动摄影的利器。

▲快速移动的主体，电光火石的瞬间，体育摄影充满刺激，摄影师当然要对焦快速的镜头，准确拍摄动感主体

长焦镜头的选择

如果是一般摄影爱好者，想尝试运动摄影的乐趣，那一支轻便简单的远摄镜头会更适合，其中Nikon AF-S VR Zoom-Nikkor 70-300mm f/4.5-5.6G IF-ED就是很好的选择，预算多一点可选择AF-S VR 70-200mm f/2.8G IF-ED。

运动摄影讲求对焦快速，所以Nikon的长焦镜头都配备有SWM马达，对焦快速宁静，正好发挥长焦镜头的威力。另外，在运动摄影中，经常用到Pan镜拍摄方法，此时防震VR也要配合，例如Nikon长焦镜头有Active功能，正是为Pan镜而设，让用户准确捕捉动态影像，而且VR不会错误运作，这些都是十分重要的功能。

光圈：f/6.3，快门：1/800 s，感光度：ISO 250

▲拍摄赛车当然要长焦镜头，还要求对焦快速稳定的镜头，这在Nikon镜头系列中有很多好选择

对焦速度要快

无论拍摄什么类型的体育摄影，都需要对焦快速的镜头，因为体育运动非常高速。从世界级大型比赛到小朋友的运动会，任何比赛都是在和时间竞赛，运动员高速移动，就需要用对焦快速的镜头来捕捉精彩瞬间，幸好现在D5000的镜头都非常快速，让用户轻松拍摄。

有时候运动摄影是在室内进行，例如篮球、排球和体操等，室内的灯光比较暗淡，此时就需要使用大光圈，让快门速度更高，以"定格"高速动作，因此很多适合运动摄影的长焦距镜头都配备大光圈。

光圈：f/5.6，快门：1/250s，感光度：ISO 400

▲大光圈镜头是常用的体育摄影镜头，因为比赛场地的天气变幻莫测，光线不足就需要用大光圈拍摄；而室内光线时常不足，拍摄也要大光圈

顶级大光圈长焦镜头

AF-S VR Nikkor 200mm f/2G IF-ED

这支镜头绝对是运动摄影的好选择，它具备超大f/2光圈和VR防震。当拍摄运动物体时，大光圈让快门保持高速，VR减少轻微震动的影响，而且200mm在D5000上还要乘以1.5，也就是相当于135画幅的300mm，已经很实用了。不少专业的运动摄影师还会配合1.4X和2X的增距镜来使用，这样会令光圈缩小一点，但此镜头有f/2光圈，缩小一点还是大光圈，完全适用。

▲这支镜头具备超大f/2光圈和VR防震功能，是很专业的顶级运动摄影镜头

传统的高级长焦距镜头

AF-S VR 300mm f/2.8G IF-ED

对运动摄影有经验的摄影师一定知道这支300mm f/2.8镜头，此镜头一直以来都是运动摄影的常用器材。由于它的大光圈很好用，300mm长焦距又非常实在，在D5000上更加需要乘以1.5，用来拍摄运动摄影很适合。专业摄影师都喜爱这支镜头对焦快速和影像锐利的特点，加上它的VR功能，可以减少震动带来的影像模糊，所以深受欢迎。

▲此镜头有f/2.8大光圈和VR技术，适合运动摄影

超高质量变焦长镜

AF-S VR 200-400mm f/4G IF-ED

说起长焦距的变焦长镜，不少用户会想起AF-S VR 70-200mm f/2.8G IF-ED D，而对专业摄影师来说，他们可能更喜欢这支AF-S VR 200-400mm f/4G IF-ED，特别是那些常常需要远距离拍摄的体育摄影师，他们需要使用长焦距镜头。这支200mm～400mm镜头就很好用，而且变焦镜头令拍摄更加灵活，随机应变。Nikon为了提升此镜头功能，加入了恒定的f/4光圈和VR防震，让镜头更易拍到清晰影像。

▲这支200mm～400mm镜头可以变焦，令拍摄更灵活，锐利度又高，难怪很受体育摄影师喜欢

D5000创意闪光拍摄

“用人选光源也可以发挥拍摄的创意！通过内置闪光灯或外加的闪光灯，制作出别具一格的缤纷影像。”

闪光灯是摄影创作的延伸

用D5000拍摄，创意一点也不会亚于用其他任何一部数码单反相机，相信本书前边部分的示范已足够让大家领略一二了。不过，D5000的创作弹性还大有潜在的空间，其内置的闪光灯以及外加闪光灯的能力，甚至可与Nikon独有的CLS创意闪光系统兼容，可以令拍摄的光照变化多端，从此，室内拍摄也可变得多姿多采！以下将就Nikon D5000的闪光灯功能和系统的扩展性进行逐一介绍。

什么是TTL?

TTL是Through-The-Lens的缩写，意思是通过镜头。由于早期相机没有复杂的测光系统，较先进的闪光灯只有独立的传感器感应反光以控制输出量，靠的是闪光灯体上的外置感光器，所以当在镜头前加了滤镜或其他涉及曝光因素的组件时，这种方式便变得不准确。后来相机发展出TTL镜后测光能力，能测量从镜头进入的光量，这就衍生了现今的TTL闪光测光系统，是计算经过镜头后的闪光反光。经过数代技术发展，到现在数码单反年代，TTL闪光灯已可以完全兼容数码系统了，而在Nikon上的称为i-TTL系统。

内置闪光灯用途多

入门级相机为方便用户又怎能缺少内置闪光灯呢！按下按钮，D5000的内置闪光灯便会弹出，在部分自动模式或SCENE（场景）模式，闪光灯更会自动弹起，以帮助用户拍摄到光线充足的照片。虽然闪光是人造光源，很多人认为只能在室内或较暗的环境中作为补光，但其实闪光灯即使在户外阳光下也十分有用，尤其是逆光拍摄时，它可以用作补光；或者拍摄人像照片时，小小的内置闪光灯可以为人的眼睛打上一点“眼神光”，称为Catch-Light，所以这个内置闪光灯是非常有用的。部分人觉得它输出很低，但这又恰恰适合以上这两种用途，所以不妨试试，也许有意外惊喜。

▲在拍摄人像时，可以使用内置的闪光灯补上稍弱的闪光光线，为模特儿添上“眼神光”(Catch Light)

此外，D5000的内置闪光灯可以在个人设定菜单“e1：内置闪光灯闪光控制”中作TTL自动或M手动的选择。把内置闪光灯设定为M时，闪光灯便不会像TTL般发出预闪光来测量亮度。利用这个模式，选择一个最小的输出(1/32级)，在影楼拍摄时，可以触发影楼外置闪光灯同步拍摄。有些摄影师经常会用这种方法来作多灯同步拍摄，只要同步的灯都能感应到闪光触发信号便可，那就不用再添加其他器材，省时又省钱。

逆光闪光灯补光

▲光圈：f/4.2，快门：1/200s，感光度：ISO 200

影室拍摄

◀可在个人设定菜单“e1：内置闪光灯闪光控制”中作TTL自动或M手动的选择

▶使用M手动输出时，由于不会有预闪光，故可以引发影室的闪光灯同步闪光拍摄

▲若把闪光灯设定为M手动，并调整至最低输出，这可以用于引发影楼闪光灯或具备从属(Slave)感应的闪光灯设备同步闪光拍摄

内置闪光灯的运作

原则上，除了模式拨盘上闪光灯关闭自动模式外，其他所有模式皆可使用闪光灯拍摄。在P、A、S、M和食物场景模式中，用户要自己按动闪光灯按钮才能把内置闪光灯弹出，而其他模式，内置闪光灯则会根据亮度情况或所用模式自动弹出。

▲在闪光灯关闭自动模式时，闪光灯不会运作

▶在自动或大部分SCENE（场景）模式下，当拍摄时光线不足或逆光时，内置闪光灯会自动弹出。但在P、S、A和M模式，或SCENE的食物模式下，如要使用内置闪光灯，必须先按闪光灯按钮，闪光灯才会弹出

使用内置闪光灯注意事项

留意焦距：

根据Nikon的信息，这个内置闪光灯可用于18mm～300mm焦距的镜头，若使用比18mm更大广角的镜头时，可能会导致闪光覆盖不足，出现黑角情况。大广角有时也许会因为镜头的长度和与主体的距离，令闪光反射到镜头上而导致阴影落在主体上。

留意遮光罩：

有些用户会发现镜头遮光罩也会造成照片出现阴影，所以在使用内置闪光灯时要特别留意。

留意距离：

D5000的内置闪光灯的最近有效距离是60cm，太近的主体可能会导致曝光不正常，或出现覆盖不均匀的情况。由于闪光灯是GN12，以f/4光圈为例，它最远可照射到约3m的主体。一旦发觉闪光输出不足时，解决的方法是提高ISO或用更大的光圈，若不想改变感光度，那只有增添外置的更高输出功率的闪光灯了。

善用各种闪光模式

虽然内置的闪光灯小了一点，但只要是用于D5000上，其实就是整个CLS创意闪光系统的运用，实际上与添加外置兼容的CLS闪光灯没有不同。当然，若加上外置的闪光灯和配件，能够作出的变化会更多。在示范更多样化的闪光功能之前，这里先介绍几种D5000上可设定的闪光模式，了解后，只要按需要运用，便一样能拍到优秀的“闪光作品”。

要改变闪光灯的模式，可以按着闪光灯按钮再转动指令拨盘，或者在信息显示时按“i”按钮，在闪光灯模式中切换。在P或A的曝光模式中可以有5种选择，与在其他拍摄或曝光模式时有少许分别。此外还有“AUTO”模式，可以按现场情况作出自动闪光。若不想使用闪光灯，直接把模式拨盘调至关闭闪光灯即可。

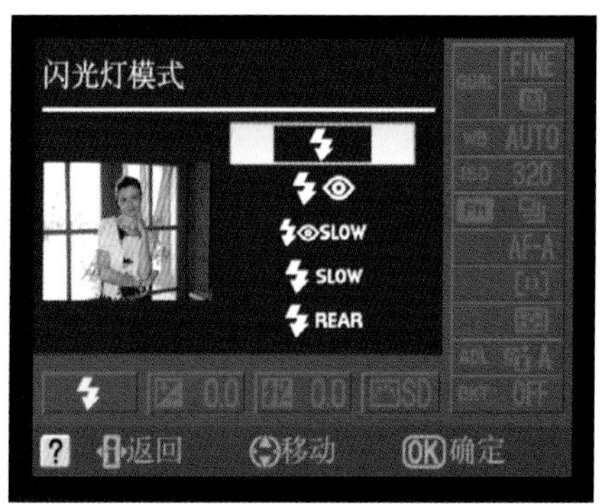

▲按“i”键在信息显示中改变闪光模式

主要闪光模式

补充闪光	防红眼	慢同步+防红眼	慢同步	后帘+慢同步	关闭
⚡	⚡👁	⚡👁SLOW	⚡SLOW	⚡REAR	⊘
▲按环境光线而作出适当的闪光。在一些自动模式时会自动发出，包括自动弹起闪光灯进行拍摄	▲在昏暗的环境下，会在正式闪光前亮起防红眼指示灯，可使人物的眼孔收缩，减少出现红眼的现象	▲在环境非常暗或夜景时，快门会减慢至可捕捉到环境的亮度，同时闪光为防红眼的模式	▲同样在环境非常暗或夜景时，快门会减慢至可捕捉到环境的亮度，快门会非常慢，需要使用三脚架	▲此模式下，闪光灯会在快门即将关闭时闪光，可以拍出特别的效果	▲模式拨盘设至关闭或在某些场景模式时，相机会选择关闭闪光，闪光灯将不会运作

防红眼闪光效果

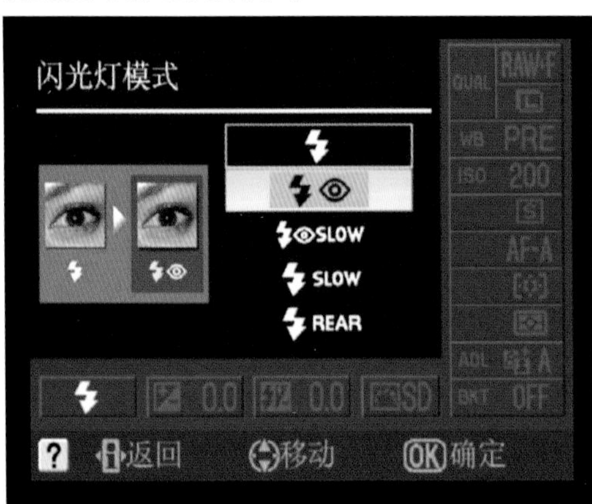

在正式闪光拍摄前，机身前方一个防红眼指示灯亮起，刺激拍摄对象收缩瞳孔，以减少因人眼在较暗的环境时扩张而令闪光从视网膜直接反射产生红色光点的发生情况。

一般闪光

防红眼闪光

前帘同步

后帘同步

▲ISO 100，快门：3.2s，光圈：f/5.6

前、后帘同步效果

一般的闪光属前帘同步，REAR则是后帘同步闪光，一般配合慢快门来使用，会产生不同的光影效果。前帘闪光是在快门一打开即发出闪光照明主体，所以主体会在移动光迹的开始位置；相反，后帘同步闪光则是在快门将关上前一刻才发出闪光，主体会位于移动光迹后结束位置（如上两图所示）。

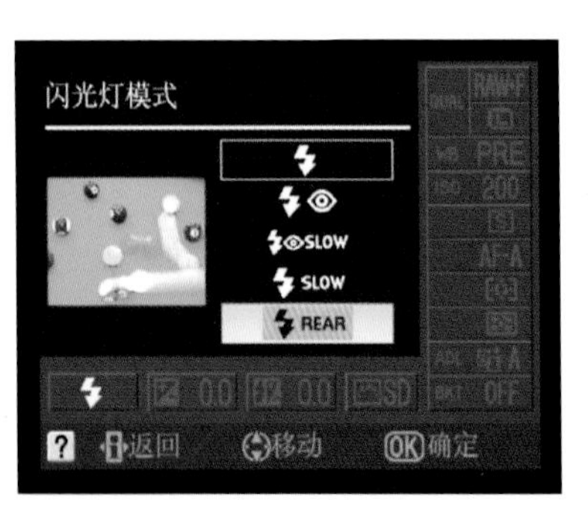

什么是GN闪光指数?

GN全称为Guide Number，是用来表示闪光灯输出量的数值，而利用此数值可计算到拍摄时闪光的有效范围：

闪光有效范围 ＝ GN ÷ f/光圈值

举例来说，SB-800的GN是38(m，ISO 100，变焦头为35mm时)，当使用f/4光圈时，有效的范围达到9.5m。当感光度升一级，即ISO 200时，闪光指数便会乘以2的开方，即约乘以1.4。

高级闪光摄影

D5000能适配Nikon最先进的创意闪光系统(Creative Lighting System)，除了配合内置闪光灯，还可以装配兼容的外置闪光灯。通过先进的照明系统，利用相机与可兼容闪光灯之间的信息交换，包括色彩信息，获得多种自动闪光控制，甚至无线遥控拍摄。现在D5000可完全匹配i-TTL自动闪光模式，可使用的外置闪光灯包括SB-900、SB-800、SB-600和SB-400，配合有遥控功能的指令闪光灯组或SU-800指令器时，也可以令SB-R200闪光灯组件闪光拍摄。

▲SB-400是最小型的外置闪光灯，不单可配合D5000作i-TTL闪光，更可扭动灯头作为反射闪光

灵巧小型闪光灯SB-400

D5000虽是Nikon的入门新宠，但由于同样属于CLS系统，在适配闪光灯上并没有太大限制，目前起码有4支闪光灯可与之完全匹配。对于希望灯体轻便的用户，可选择SB-400。这支小型闪光灯虽然只有GN 21，但一样可作i-TTL自动闪光，即均衡补充闪光，并且它可以像D5000的内置闪光灯一样，在个人设定菜单“e1：内置闪光灯闪光控制”中直接选择TTL自动或M手动，非常方便。更大的优势在于，它还能做到现今许多摄影师都会用到的反射闪光，因为它的小灯头可以向上作90°的扭动，这样就与SB-600、SB-800和SB-900没有两样了！

反射闪光灯技巧

现在Nikon的4支闪光灯SB-900、SB-800、SB-600和SB-400都可以转动闪光灯头（SB-400只有向上反射的功能），所以都可以进行反射闪光(Bouncing)拍摄，这种方式可以减少主体的的阴影，使画面显得更柔和。

▲反射闪光可以利用不同的平面，如天花、墙壁等，但留意最好使用白色的表面，以防止出现偏色的情况

直射

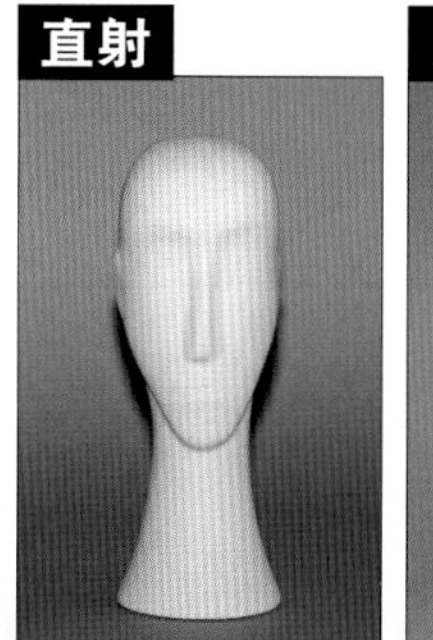

反射闪光

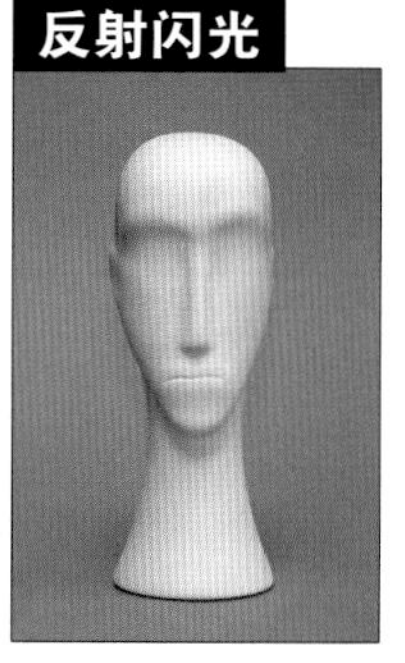

更强的闪光灯

在整个D5000可以使用的闪光灯系列中，SB-900是现在最先进的Nikon Speedlite闪光灯，它有最高的输出量，而且性能完备；它的灯头可以覆盖的角度相当大，由17mm～200mm，而且有多种配件，如不同的颜色滤镜，还可以作指令闪光灯，控制多达4个频道和A、B、C这3组兼容的从属闪光灯进行多灯同步拍摄。

至于SB-800则是较早的型号，但其性能也与SB-900不分伯仲，同样可以作为指令闪光灯和从属闪光灯来用。SB-600则是较中型的闪光灯，功率相对稍弱，但应付一般拍摄绰绰有余，只是它不能作为指令闪光灯，不过还是可以作为从属闪光灯来使用，也是多灯同步闪光创作上非常有用的闪光灯。

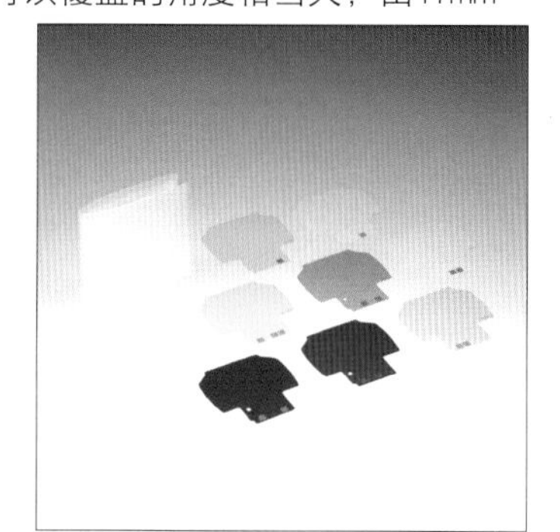

▲SB-900备有多种颜色滤片、扩散片及柔光箱

▲SB-900

▲SB-800

▲SB-600

D5000闪光灯实战功能

这里会逐一讲解各种D5000的闪光功能，它们都是十分有用而且方便的创意闪光功能，让用户可以充分掌握闪光灯的曝光效果，更轻易用闪光灯拍摄出色的作品。

❶ i-TTL闪光控制

当D5000配合可作为i-TTL闪光控制的闪光灯时，通过镜头的曝光信息，靠相机的测光系统监测预闪的闪光量，以确定闪光灯的输出亮度，并支持针对数码单反相机的i-TTL均衡补充闪光功能。而D5000可以作+1EV～-3EV的闪光曝光补偿。

▲i-TTL均衡补充闪光模式，在闪光灯上会出现“BL”字样

❷ 改变闪光灯的曝光补偿

建议在i-TTL补充闪光模式时进行闪光曝光补偿，可在相机上直接调整+1EV～-3EV的范围，或者在闪光灯上调整。

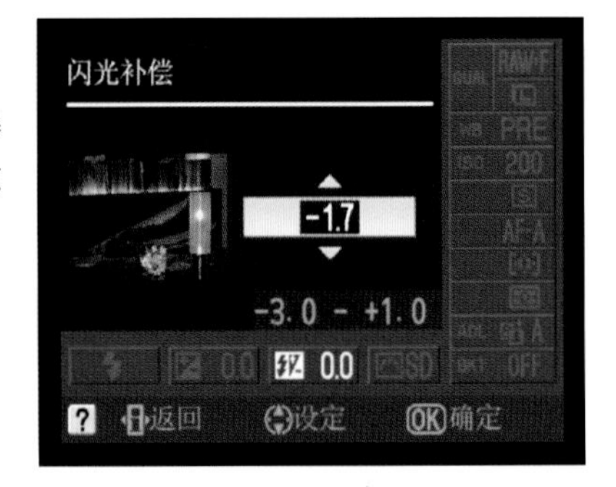

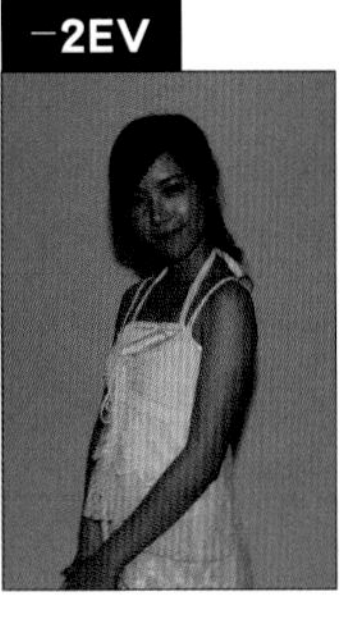

❸ 无线遥控闪光

D5000除了可直接连接兼容的外置闪光灯作为先进的i-TTL闪光外，还可以将这种性能延伸至无线遥控功能上。只要装上有指令功能的SB-900或SB-800，或专用的SU-800指令器，便可轻易设定被遥控的闪光灯组的闪光输出和模式，发挥灵活的离机闪光和多灯同步等闪光拍摄创意。

▲D5000也可作无线遥控闪光拍摄，从而进行离机闪光或多灯同步拍摄

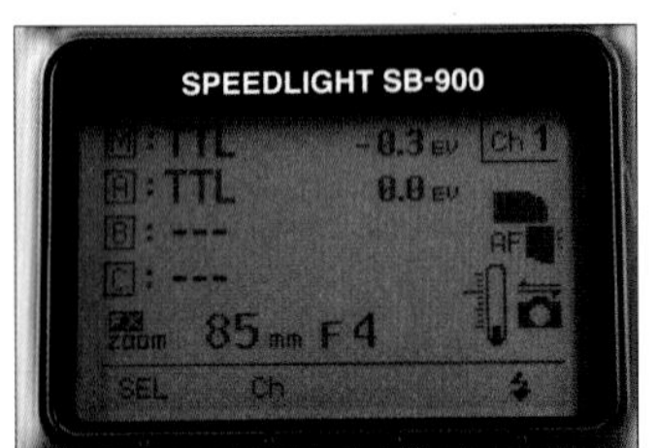

▲这是SB-900的LCD屏，它与SB-800一样，装在兼容的相机时，可作为主指令灯，可控制4个频道，每个频道多达3组(A、B、C)从属闪光灯(如SB-R200、SB-600、SB-800和SB-900)

Master指令闪光灯或指令器的设定
(SB-800/SB-900/SU-800)

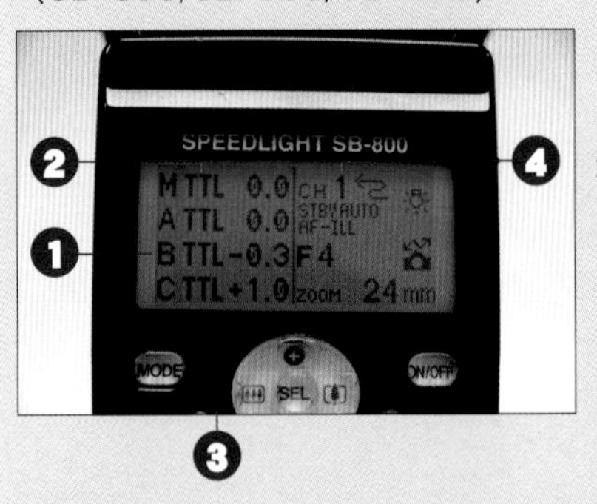

1. 组别：M是指令闪光灯，A、B、C分别是3组闪光灯
2. 模式：指令闪光灯以及A、B、C这3组均可独立选择模式，包括TTL自动、A自动(根据闪光灯)和M手动
3. 调整：自动或TTL模式时，每组闪光灯可以作加减曝光补偿，而在M手动则可调整输出量
4. 频道：可为各同步闪光灯作一个频道设定(共4条)

Remote从属闪光灯的设定
(SB-800/SB-900/SB-600)

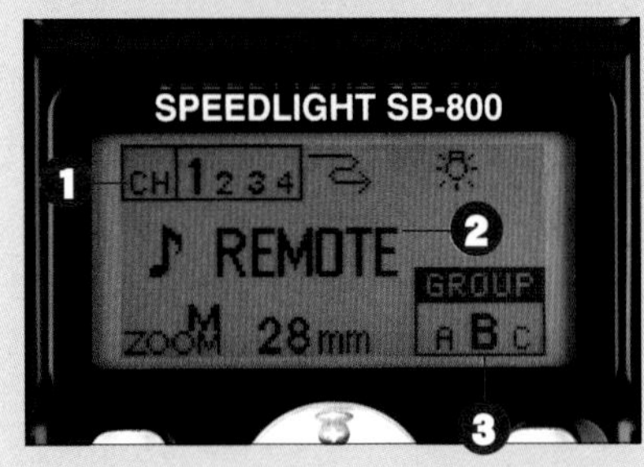

1. 频道
2. REMOTE代表从属闪光灯组
3. GROUP即所属的闪光灯组别

使用时，A、B、C各组闪光灯的数量可以不止一支，所以这可令每组闪光灯的输出量比单支闪光灯强。

无线飞灯

使用任何一支兼容CLS的闪光灯，如SB-900、SB-800或SB-600，都可以做到无线遥控效果，最常用而又最易做到的就是无线飞灯，它可以让用户无须使用TTL连线，就能做到离机(Off-the-camera)的闪光拍摄。

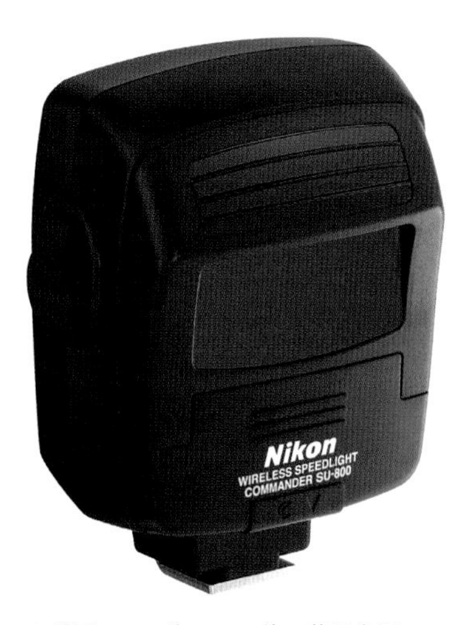

▲除了SB-800和SB-900外，若用户不想在无线遥控时装上太大的闪光灯作指令灯，可选择用一个SU-800指令器，其作用是一样的，但不会发出闪光，所以也不会有光线影响正面的主体

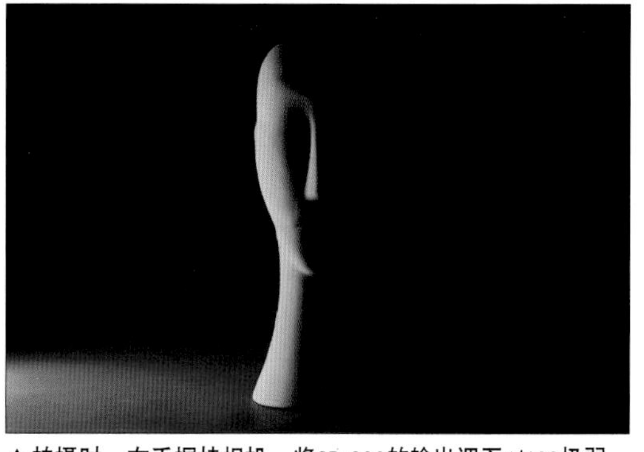

▲拍摄时，右手握持相机，将SB-800的输出调至1/128极弱，而左手则拿着另一支SB-600作离机闪光拍摄，就可拍到这种侧光的效果
光圈：f/8，快门：1/160s，感光度：ISO 100

1 多灯同步

利用指令闪光功能可控制两组闪光灯同步拍摄。

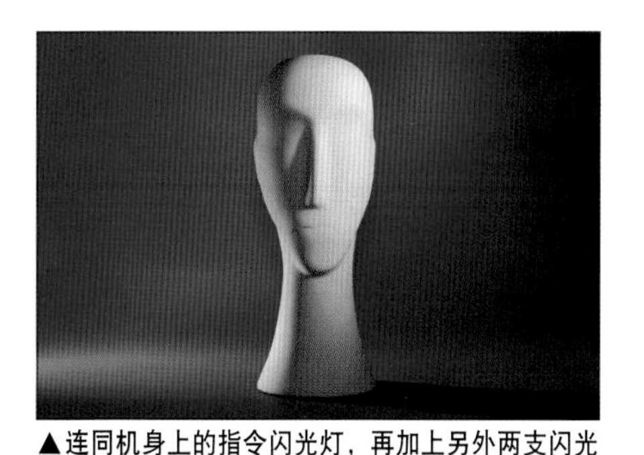

▲连同机身上的指令闪光灯，再加上另外两支闪光灯作多灯同步的效果
光圈：f/8，快门：1/160s，感光度：ISO 100

灯位图

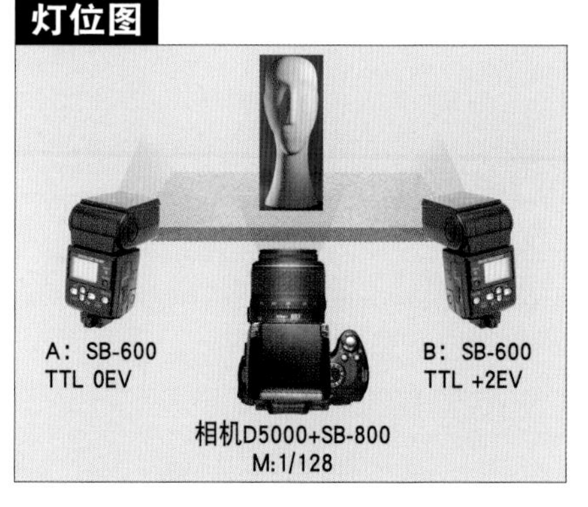

2 加滤色片多灯同步

使用多灯同步时，不妨加点新意，像这张照片，就是用多支闪光灯配合颜色滤片效果拍摄的，可以拍出不一样的气氛。

▲光圈：f/8，快门：1/100s，感光度：ISO 100(Lo 1)

灯位图——TTL多灯同步人像拍摄

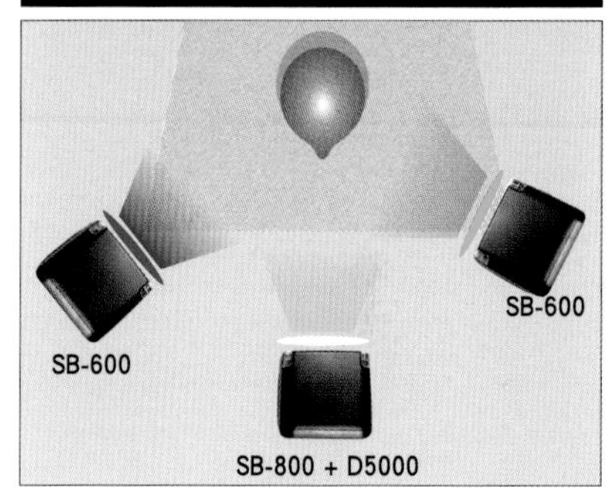

微距套装组合R1C1

这是一个由SU-800无线指令器和两个SB-R200灯头组成的微距闪光灯，每个SB-R200都有GN10的输出，兼容Nikon的CLS创意闪光灯系统，可无线同步拍摄。如有需要，可以加装更多的SB-R200灯头同时使用。

▲SB-R200灯头可以作不同角度的变化，可加装柔光片，而且本身已经有Remote从属的功能，可设定频道和闪光灯组别

▲多个SB-R200可以组合成一个更大的环形闪光灯

D5000其他配件

“除了可以更换镜头和加装多支闪光灯作多灯同步外，D5000还可以增添一些配件，有利拍摄和管理照片。”

拍摄夜景必备

MC-DC2遥控线

若要使用慢快门拍摄，如拍摄夜景或烟花时，除了要用三脚架之外，为了避免手指按快门释放按钮时导致相机震动，可以另购一条MC-DC2遥控线来遥控快门拍摄，这个快门遥控线适合不同快门模式和B门拍摄。所用的插口是与GPS单元GP-1同样的配件端，故使用此遥控线时，GP-1便不能使用。

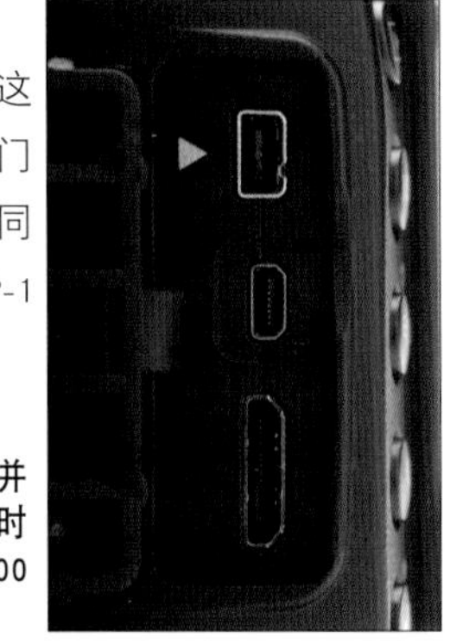

▶MC-DC2遥控线应连接D5000的配件端口，并按标示位置小心插上，该用户增购遥控线时小心勿弄错型号，因为插头的类型是D5000使用的

自拍专用遥控器

无线遥控器 ML-L3

当要进行自拍时，除了可以使用相机的自拍时间程序外，还可以另购一个无线遥控器ML-L3。它采用红外线无线方式工作，除了有一按即放的快门外，还可以选择延时的遥控快门。若没有MC-DC2遥控线，其实就可使用ML-L3来代替，不过如果现场有多人同时使用D5000或同系相机，而又都使用ML-L3时，则很有可能互相干扰。

ML-L3本身采用一块3V的CR2025电池，当发现遥控的灵敏度降低时，可能电量已耗尽，因此建议在外出拍摄时事先检查清楚。

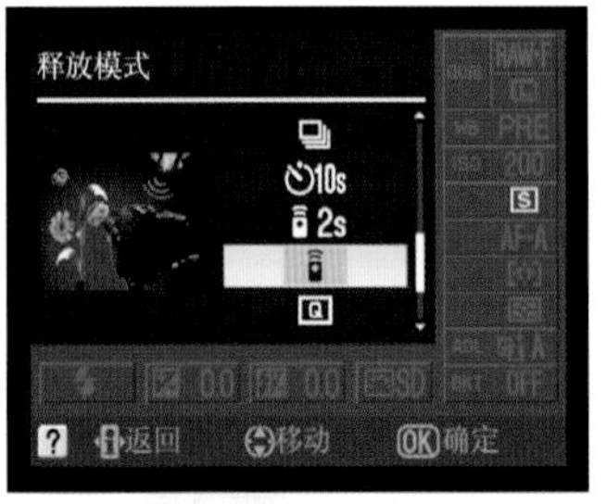

▲在相机的快门释放模式选择快速响应遥控或延拍遥控模式

卫星定位仪器

GPS 单元 GP-1

当把这个单元连接到D5000的配件终端时，相机便会亮起GPS的标记，当连接成功后，用户可在设定菜单中调选GPS的功能，包括是否采用自动测光关闭，如果想一直记录GPS的信息，应该把此项目关闭。这个GPS元件会通过卫星信号定位，把所在的高度、经度、纬度和UTC协定同时间(非相机内的时钟时间)记录到影像之中，这些信息能够通过一些影像管理软件读取，方便日后查阅。它可以即时显示拍摄位置，对于需要作拍摄详细记录的摄影师，比如野外考察或生态研究人员，这种工具可以说是非常有用。

长时间使用的电源

电源连接器 EP-5

这个EP-5电源连接器需要与AC变压器EH-5a一同使用，主要功能是使用交流电源为D5000供电，这样便可以使相机具有较长的拍摄时间，而无须频繁更换电池。EP-5的一端像一块EN-EL9a充电电池，可以放入D5000的电池舱里，而另一端则连接电源，所以不需要专门插到一个端口中，简单安装便可使用。当用户用手清洁影像传感器时，为了避免因中途电量不足而令反光板突然降下造成内部损坏的情况，使用该组件便可提供连续的电量，可起到一定的保护作用。

Manage Your Image

高级影像管理

Nikon D5000虽然被列入门级数码单反相机，但其影像管理功能绝不逊色于Nikon其他高级数码单反相机。D5000能够拍摄出专业的RAW格式影像文件，通过附送的ViewNX软件，能够为影像作基本的后期处理，并输出为JPEG或TIFF，方便上传至网络上平台分享。而对影像有更高要求的用户，也可使用Capture NX 2为照片进行高级修饰处理，更可以作批量的影像转换，将大量的RAW格式文档转换为TIFF或JPEG影像。此外，使用Camera Control Pro 2软件，用户可以轻松利用电脑来调整D5000拍摄的照片。因此，通过各种软件的支持，D5000绝对可以成为一部能拍摄出专业照片的数码单反相机。

Nikon ViewNX 轻松影像处理

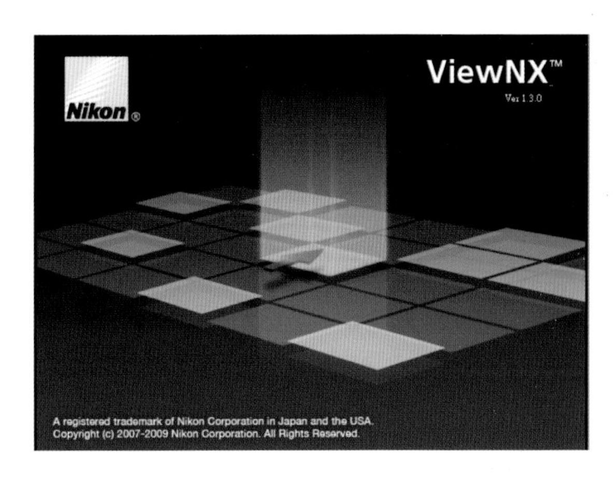

"只要简单步骤，即可为照片作快速调整，并上传至网上与亲友分享！"

Nikon ViewNX是一个专为Nikon用户而设计的影像处理软件。通过简单的ViewNX操作界面，用户可以快速浏览JPEG、TIFF、NEF及NRW（RAW）影像文件。此外，也可以利用ViewNX为照片进行简单的白平衡、曝光等调节，并能将NEF文档转换成JPEG或TIFF影像，以加快整个影像制作的流程。

▶ViewNX能够快速浏览影像，并作简单的调整

快速调整功能

除了观看照片外，ViewNX还提供了一个快速调整照片功能，利用这个功能，用户可以调整照片的曝光补偿、白平衡、优化校准、锐化、对比度、亮度等。另外，也可启动Picture Control Utility自行调整出心目中的色彩曲线，并输入D5000中。

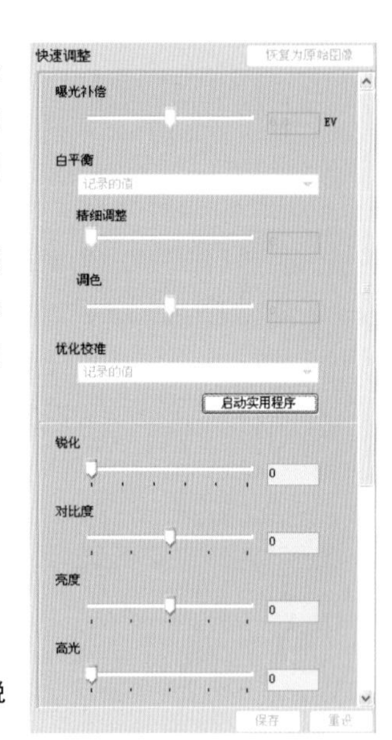

▶通过快速调整功能，可以为照片作锐化、白平衡、曝光补偿等基本调整

ViewNX的工具列

Nikon Transfer　对焦点　播放语音备忘　逆时针旋转 90°　顺时针旋转 90°　GeoTag　Capture NX 2　打印　电子邮件　my Picturetown　幻灯片　文件转换

Nikon Transfer	Nikon Transfer能够将保存在Nikon数码相机或存储卡里的照片传送到电脑中。只要将相机或存储卡连接到电脑，Nikon Transfer便会自动启动，然后按一下“开始传输”，照片就能够传送到电脑的所选的位置
对焦点	按一下“对焦点”图标，照片的对焦点就会显示在照片上，方便用户确认照片的细微焦点位置
播放语音备忘	只要选取有语音备忘的影像，就能收听到其中的声音
逆／顺时针旋转90°	可以轻松将照片旋转90°或180°
GeoTag	D5000能够利用GP-1支持GPS全球定位系统，将拍摄照片地点的详细地理位置保存在照片的EXIF文件中，或者通过ViewNX，手动在照片的EXIF文件中输入，方便日后作分类处理
Capture NX 2	可以将在ViewNX中浏览的照片转移至Capture NX 2中作进一步的处理
打印与电子邮件	可以通过打印模式打印自己喜爱的照片。另外，通过电子邮件模式，可以将照片缩小，并传送至Outlook Express发送电邮与亲友分享
my Picturetown	Nikon my Picturetown是一个免费的网上照片存储及分享平台，用户可以通过ViewNX将心爱的照片上载至my Picturetown网站与好友分享，每个用户的存储空间最大为2GB
幻灯片	只要挑选喜爱的照片，就可以通过幻灯片浏览形式欣赏照片
文件转换	利用ViewNX，用户可以将大量的NEF文件进行批量处理，转换成8位的JPEG或是16位的TIFF影像

Camera Control Pro 2
享受遥控拍摄

“通过USB连接电脑，即可使用鼠标对D5000作遥距操控，拍摄照片！”

Camera Control Pro 2为D5000用户带来了很大的方便，它为用户提供了一个遥距拍摄功能。只要利用USB、Firewire或是Wi-Fi配件，就可以将D5000连接到电脑，并通过软件遥控D5000拍摄照片，将拍摄的影像直接保存在电脑里，使拍摄流程更简易流畅。

主要功能

Camera Control Pro 2拥有很多强劲的功能，但操作界面简洁易懂，无论是专业用户还是业余用户都能轻松上手，享受D5000遥控拍摄的乐趣。在Camera Control Pro 2中，可调节的相机设定与D5000内的大致相同，相机的曝光模式、快门速度、光圈值、曝光补偿等，都可以通过电脑直接控制，十分方便。

▲Camera Control Pro 2界面就像一个模拟相机菜单，简单易用

除此之外，由于D5000支持Live View（即时取景）功能，因此用户可以直接在电脑上预览影像，拍摄预期中的影像。在Live View模式中，与直接使用D5000拍摄一样，可以选择多种自动对焦模式，而用户也可以通过鼠标在Live View影像预览界面上自由选择对焦点，为景物对焦更添方便。

▲通过Live View模式，用户可以充分发挥D5000的拍摄功能

另外，Camera Control Pro 2也支持D5000的Picture Control（优化校准）系统，用户可以在电脑上调整优化校准参数，包括影像锐利度、饱和度、对比度等，还可以制作及保存个性化曲线。除了优化校准调整之外，用户也可以在电脑上微调D5000的白平衡，确保拍摄出来的色温与预期效果一致。利用Camera Control Pro 2遥控D5000所拍摄的照片，都能够在ViewNX中浏览，并可利用Capture NX 2进行修改。

概括而言，Camera Control Pro 2是一个十分专业的拍摄软件，无论是入门用户在家中DIY拍摄产品照片，还是专业摄影师在影楼拍摄，它都适用。

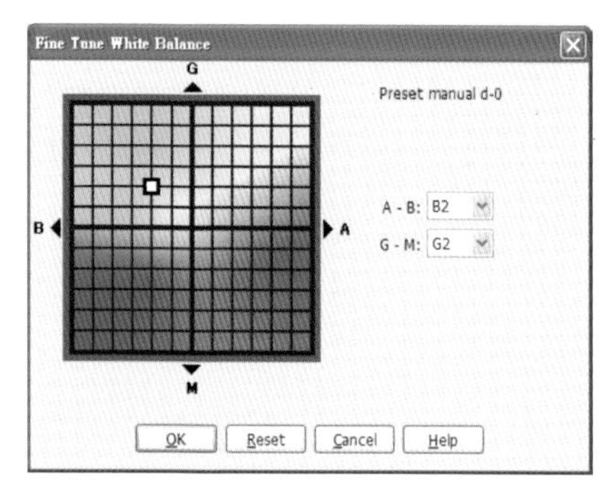

◀可以在Camera Control Pro 2中微调D5000的白平衡

TIPS

要体验遥控拍摄的乐趣，大家可以到Nikon官方网站http://www.nikon.com.cn下载Camera Control Pro 2试用版软件。

Nikon Capture NX 2 RAW文件的最佳拍档

“全面的影像处理功能，配合简易的操作界面，输出与专业级的高质影像媲美也决不逊色！”

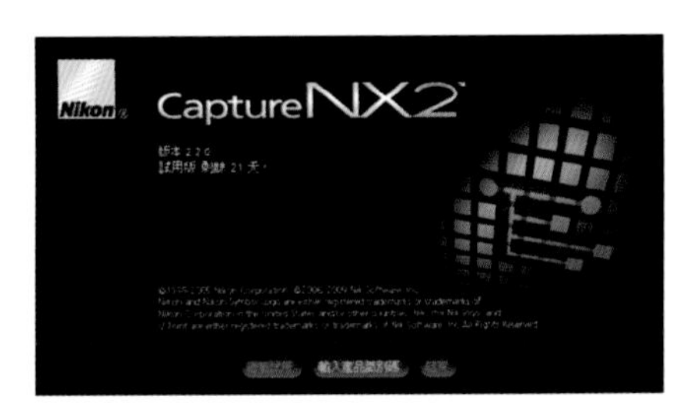

D5000的NEF（RAW）影像文件，能够保存大量影像的原始数据，比JPEG有更大的后期处理空间，即使作后期的曝光、色温、层次等调整，仍然不会大幅降低影像质量，所以很受专业用户欢迎。要为Nikon D5000的影像作专业处理，使输出的影像尽善尽美，当然少不了另购的Capture NX 2软件，它是一个功能强大的软件，可以作快速的影像浏览、处理、分类和打印，功能完善。这里会为用户示范如何使用Capture NX 2处理D5000的NEF影像文件。

Capture NX 2全能软件

Capture NX 2作为一个全能软件，它浏览照片的速度相当快，而且完全支持RAW文件，快速稳定。开启D5000的RAW文件与开启JPEG文件相差不多，要知道RAW文件比JPEG文件容量更大，但是Capture NX 2仍可以顺畅地浏览电脑中的RAW文件，轻松容易。

Capture NX 2会清晰显示每张照片的详细拍摄信息，包括光圈、快门和拍摄时间等，用户也可以随时分类并为照片加上标签作评级。而在影像处理方面，Capture NX 2与一般软件不同，它处理RAW文件十分轻松容易，与处理JPEG图像一样简单，并且功能更为丰富，例如RAW格式的照片可以作白平衡、优化校准、减除噪点、D-Lighting的处理等，而处理之后的影像质量比JPEG更佳。除了具备强大的曝光调整工具处，Capture NX2还有不少Nikon独家的功能，比如设定每张照片的“优化校准”、专用的镜头失真修正、Nikon独家的D-Lighting处理、色差修正、减少黑角等。

同时，Capture NX 2有全新的照片处理概念，不论怎样调整，都不会破坏原片，因为它每执行一项新操作，就新增一个新的图层，每个图层都可以随意调动顺序，而最终不影响原片。如果想在保存时保留每个图层，可将照片另存为新的NEF文件，那原片就可以完全不被损害，即使下次再开启该照片，也能还原到最原始状态。

Capture NX 2的一大特色是加入了Color Control Point的功能，十分独特，其概念是对照片的局部作处理，独立修改，并且修改的部分不会互相影响，即使是重叠的地方也十分自然和流畅，不会感觉到有明显的改动。这个Capture NX 2的独特工具，十分有用，例如在修改风景照片时，用户可以选择改动天空的云彩，而不影响地面的颜色；或者处理花卉作品时，只修改花朵的花瓣颜色，而不改变绿叶，局部修改，使照片处理更灵活多变。除改变颜色外，这个Color Control Point也可以优化对比度，例如点取照片的高光位或暗部，以调整照片整体的反差和层次。

除了一般的处理外，Capture NX 2还有丰富的特别效果滤镜，例如取代特定的颜色、制作黑白照片、加强粗粒效果，非常适合需要制作特别效果的用户。另外，Capture NX 2同样具备批量处理功能，用户可以制定一整套照片处理的步骤，然后成批处理大量影像，提高工作效率。

总之，Capture NX 2是全能的软件，由浏览照片、整理归类、处理影像、特别效果到打印输出，一应俱全。

▲Capture NX 2浏览及修饰照片皆适合，是D5000用户的好帮手

TIPS

下载最新版本可兼容D5000的NEF文档

如果用户安装Capture NX 2后无法开启D5000的NEF文档，可以到Capture NX软件的官方网站http://www.capturenx.com下载最新版本，这样就可以读取D5000的NEF文档，作多样化的后期处理。

Capture NX 2主要功能

Capture NX 2是第二代Nikon影像处理软件，比起第一代的Capture NX，软件的功能更为强大，新增了很多功能，例如新的色彩控制点、自动修整笔刷、照片评分功能和阴影/亮部调整等。

同时Capture NX 2为了简化用户照片处理步骤，提升处理速度，特别加入了“快速修整”工作流程，整合几个主要的曝光修整工具，让用户更快地完成照片处理。同时，新的Capture NX 2与以前的版本不同，可以同时开启多项功能，例如同时修改对比度和加强色彩，非常方便。

控制点Color Control Point

这个版本的Color Control Point技术比上一代更强，可以保持照片的锐利度和D-Lighting效果，使用了“U Point技术”。用户将控制点放在影像上，直接调整特定范围的色彩、层次等，而所有更改都会直接显示在照片上，所以用户完全可以按自己的喜好修改照片；而在特定范围以外的部分不会受到影响，其效果自然，看不到明显的修改痕迹。

自动修整笔刷

新的自动修整笔刷特别适合于消除照片的尘埃，利用此笔刷在需要的地方点一下，尘埃马上消失，很难发现有修改过的痕迹。

照片评分功能

Capture NX 2加入了强大的照片评分功能，可以利用标签或分数，为照片分类。此评分功能符合XMP的标准，相当专业。

阴影/亮部调整

这项功能针对照片的阴影/亮部作独立调整，让用户快速改变RAW文件的层次，效果很好，是Capture NX 2的另一项主要功能。

工具列功能介绍

Capture NX 2有5种控制点：“彩色控制点”、“黑色控制点”、“白色控制点”、“中性色控制点”和“红眼控制点”。这些“控制点”还可以配合其他工具一起使用，包括“选取画笔”、“套索与选框工具”等。

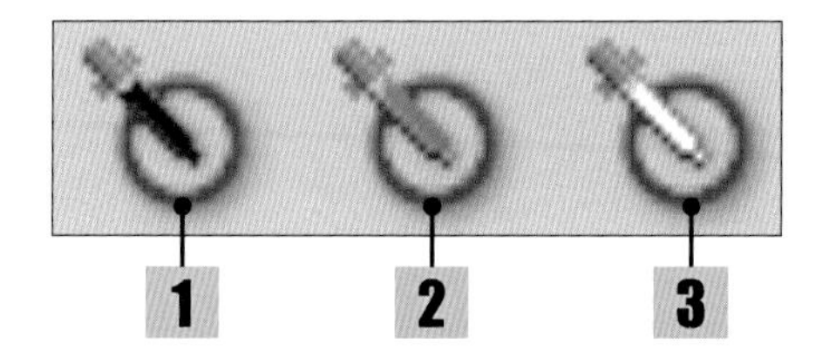

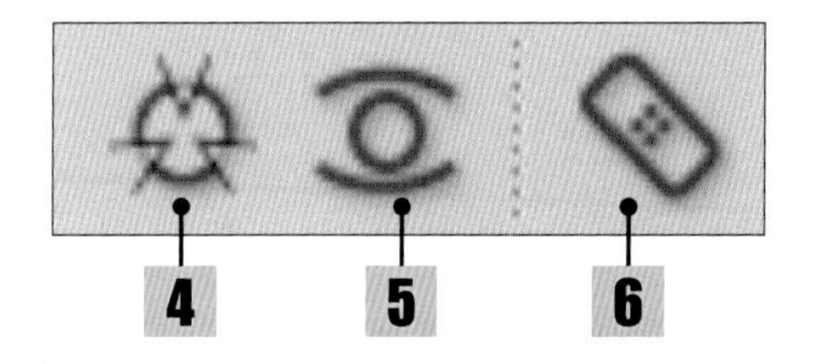

1 黑色控制点

这个“黑色控制点”功能是让用户设定照片的最暗部分的，将其加在照片后，可以将暗部加光或减暗。

2 中性色控制点

这个控制点是用于给用户设定影像的标准灰调的，也就是控制照片的灰度，这项功能也可以改善偏色的情况。

3 白色控制点

如果想修改照片的高光位，可以使用这个控制点，将控制点加在照片的白色部分，使高光位变得更光亮。这个控制点可以和黑色控制点一同使用。

4 彩色控制点

顾名思义，这个控制点是用来调整照片的色彩的，用户可以为照片的每个色彩部分各自加上“彩色控制点”，逐一改变照片的整体色彩。

5 红眼控制点

这个控制点是用来直接改善红眼情况的，用户可以将控制点覆盖眼睛不正常的红色部分，软件就会将这些红色消除。

6 自动修整笔刷

这个自动修整笔刷相当方便，特别适合处理照片的尘埃，只要在需要消除的尘埃上点选一下，软件就会将其除去，而且很难发现修改的痕迹，非常好用。

以“选取工具”作局部修正

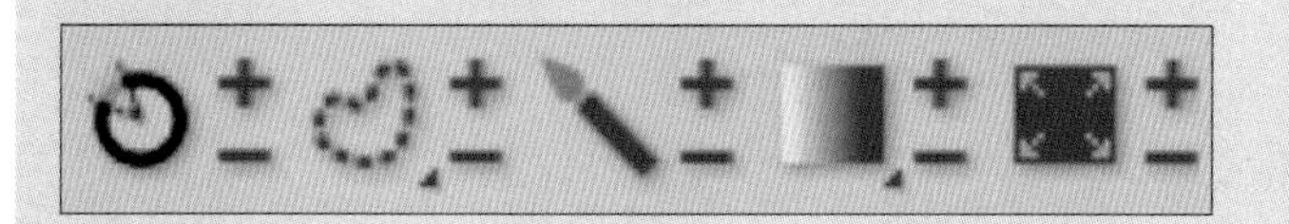

在Capture NX 2中还有很多有用的选取工具，包括“选取画笔”、“选取渐变”等，用户可以选取照片需要修改的部分，再利用控制点Color Control Point，改变每部分的效果，令影像更切合需要，很适合喜欢制作特效的用户。

专业影像处理

整个Capture NX 2的RAW文件处理工具现在分成两大部分，分别是“影像设定”和“调整”。“影像设定”是一些主要的照片处理工具，负责进行快速处理照片，而且大部分是可以在相机中找到的工具。由于D5000的机内影像工具只对JPEG有效，因此Nikon将这些工具加到软件中，让用户在处理RAW文件时享受到这些工具的好处。而“调整”部分是对照片进行细节调整的工具。下面将分别介绍这两部分的工具，让用户对Capture NX 2的功能有更详尽的了解。

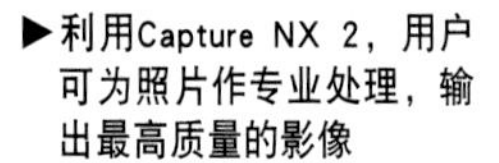

▶利用Capture NX 2，用户可为照片作专业处理，输出最高质量的影像

影像设定

首先是“影像设定”部分，软件共有3个RAW文件处理的大项，分别为“相机设定”、“快速修整”和“相机和镜头调整”，这3个大项是Capture NX 2精选的工具，让用户能快速调整照片。如果不需要大幅度修改影像，那么利用“影像设定”中的工具便已足够。

1 相机设定

顾名思义，相机设定中的功能其实都可以在D5000中找到。由于拍摄的是RAW文件格式，因此相机怎样设定都不会对RAW文件造成影响，Nikon为了照顾用户的需要，特别将D5000相机内的功能搬到Capture NX 2中。

这里的控制项目有“白平衡”、“优化校准”和“减少噪点”等，每个细项都保留了D5000设定的风格，例如用户可以在“优化校准”里使用标准、自然、鲜艳和单色等一些D5000的原厂风格设定，也可以用D2X的风格，例如D2X MODE 1、D2X MODE 2等，使每张RAW照片都尽可能符合用户的要求。

2 快速修正

这个“快速修正”包括对照片曝光及饱和度的控制，除了有曲线、曝光补偿和对比度之外，还有亮部、阴影的独立修改。如果用户不需要太复杂地改变影像，这里的“快速修正”已经足够使用。由于设定简单，使用方便，用户可以轻松改变照片的明暗细节。

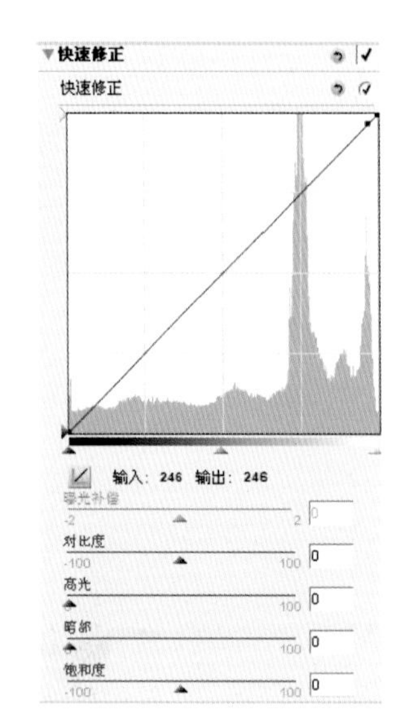

3 相机和镜头调整

针对一些照片的光学问题，Capture NX 2加入了这个“相机和镜头调整”，让用户简单控制好照片。这里的选项包括色斑抑制、纵向色差缩减、自动红眼校正和边晕控制等。简而言之，这里的选项是针对镜头的问题而设，足够应付用户的需要，快速改动各项目，以达到大幅度改善照片的目的。

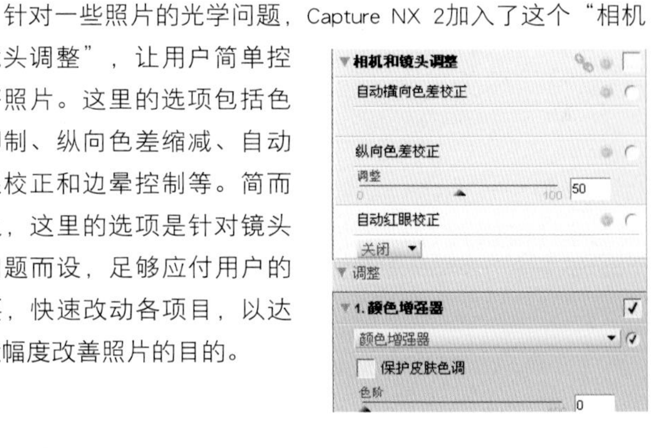

调整

虽然“影像设定”的部分已有10多个调整工具，基本足够使用，但是有些细微调控并未包括在内，例如细致的锐化、旋转照片、黑白转换等，因此Capture NX 2还有“调整”的大项。对照片的进一步修改，都会在“调整”栏中一一列出，这里会介绍一些经常使用的RAW文件修改工具。

D-Lighting

这个是Nikon开发的独特功能，非常好用，常常能获得意想不到的效果。在D5000相机中也可以找到此工具，它可以非常灵活地调整照片的明暗，更能独立改变照片的暗部或高光位的层次，建议用户多多采用！

原片

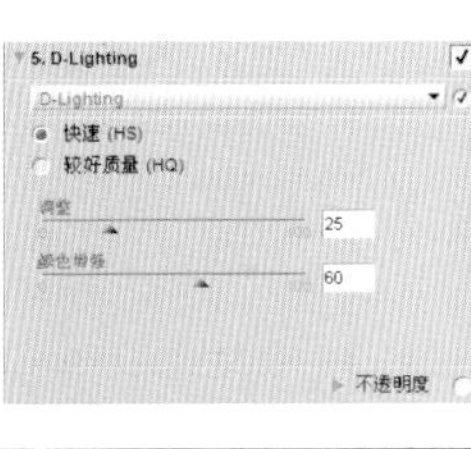

执行D-Lighting

对比度/亮度

此工具有助于改变照片的对比度和亮度。相比起色阶、曲线等工具，此工具就显得十分易用，效果明显，能轻易改变照片的反差。不过需要小心，大幅度改变对比度和亮度可能会令照片质量下降，因此进行轻微的调整会更有保证。

原片

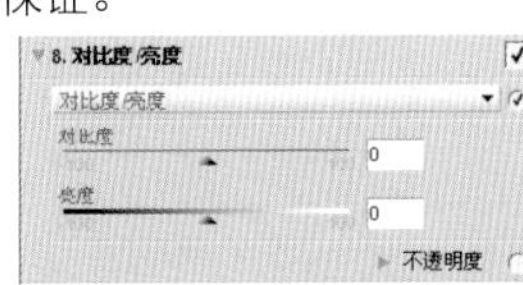

修改对比度

横向色差校正

拍摄照片难免会出现Color Aberration（色差），此工具可以减弱色差情况，并允许用户针对红色／青色、蓝色／黄色的色差分别作出调整，效果很明显。

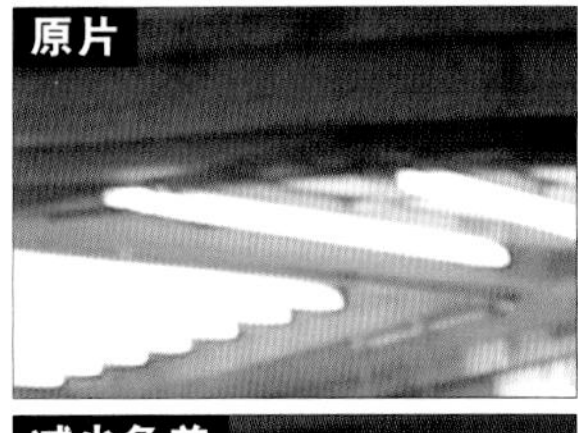
原片

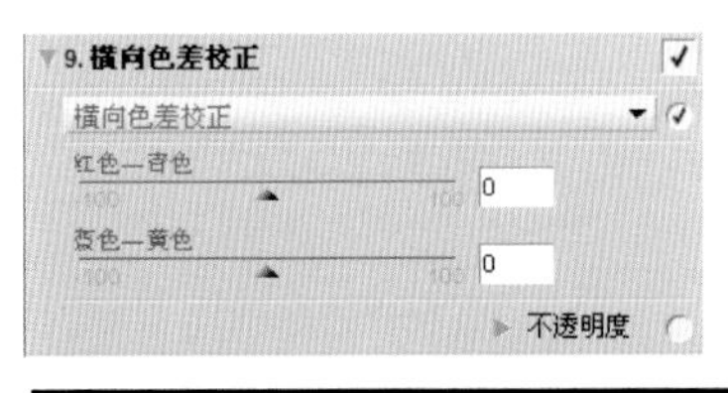

减少色差

颜色增强器

这个工具可以将照片的整体色彩提高，照片就变得更为鲜艳。这个工具非常易用，但不能推得太强，以免照片过分浓艳，反而不自然。

原片

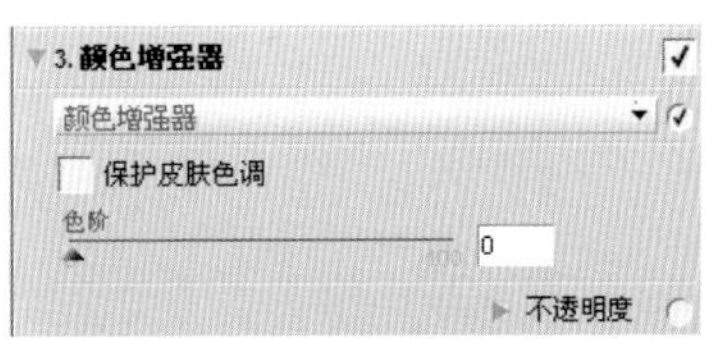

修正后

高斯模糊

针对一些用户的需要，Capture NX 2也有照片模糊化的功能，可以将照片作部分或全部模糊。它包括半径和不透明两个选项，半径即模糊的强度，而不透明则改变模糊效果的明显程度。

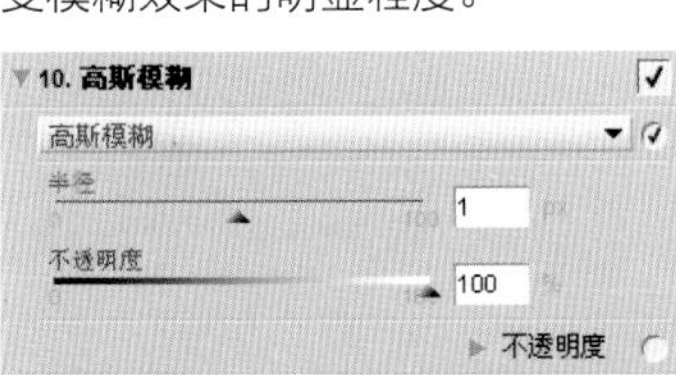

高斯模糊

拉直

如果拍摄时不小心导致照片倾斜，就可以利用拉直功能将照片由倾斜变回水平。

原片

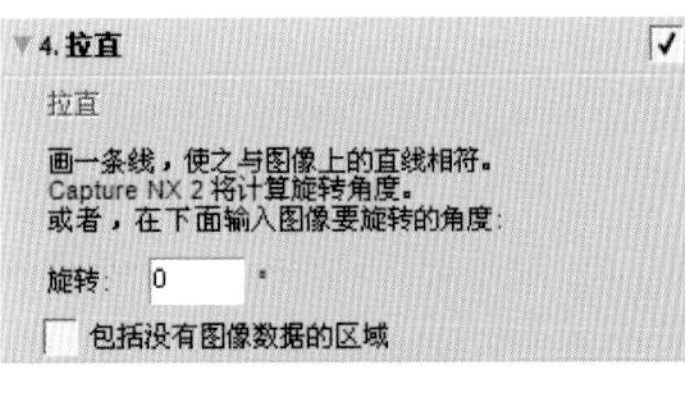

修正后

高反差显示

这个高反差显示功能是用来制作特别效果的，主要是将相反的明暗对比度提升，使影像出现奇幻味道。

原片

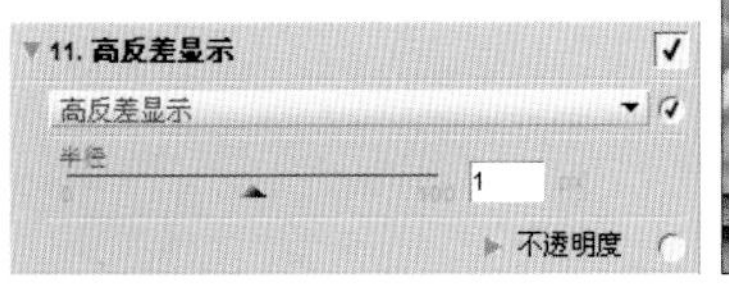

特别效果

畸变控制

针对部分镜头的失真问题，Capture NX 2加入了失真控制选项，其作用是改变照片枕形或桶形的失真问题，修改起来也十分方便，移动滑块即可见到效果。

原片

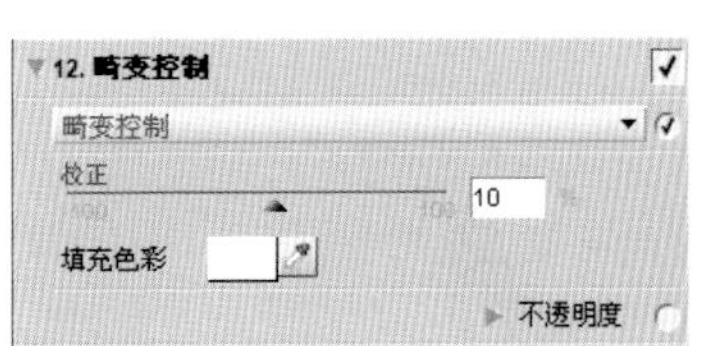

修正失真

饱和度/暖色

饱和度/暖度调整是用来更改照片的色彩的。如果要令照片鲜艳，增加强饱和度即可，使用起来也很方便。只是用户需要注意，加强饱和度不要太过，否则会令照片过分浓艳，质量下降。而暖度调整，是改变照片的冷、暖色调，用户可以按喜好来设定。

原片

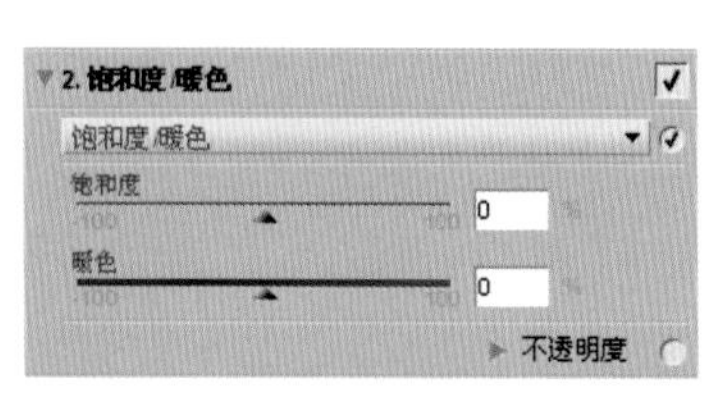

彩色化

取代颜色的作用就是将用户自选的色彩加入照片中，以加强影像某个色彩，用户还可以设定不透明度，改变色彩的覆盖度。如果想有不同效果，还可以使用照片的混合模式，令照片更特别。此功能主要是让摄影师制作出特别的效果，增添照片趣味，摄影师一般会使用混合模式作调控，令变化更多，效果更特别。

原片

取代颜色

对比度：色彩范围

这是Capture NX 2另一个非常好用的功能，它用来调整照片的色彩对比。可以先调整照片色调，效果犹如使用了彩色加强滤镜；而对比选项，则可以提升照片色彩反差，令照片更鲜明、更浓厚；同时更改亮度可以改变色彩的明亮感，整体更改照片的色彩。这个功能十分好玩，效果明显，又不会大幅度破坏照片质量，非常实用。

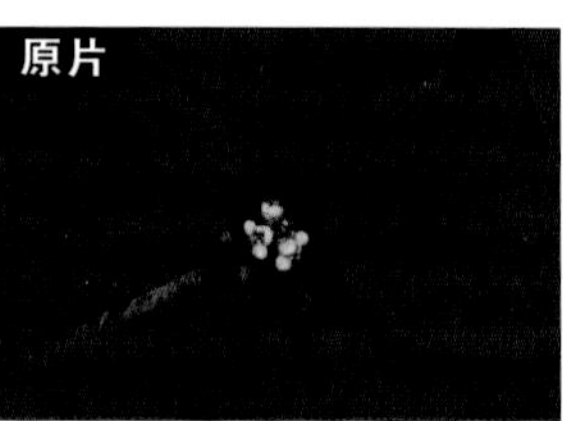

原片

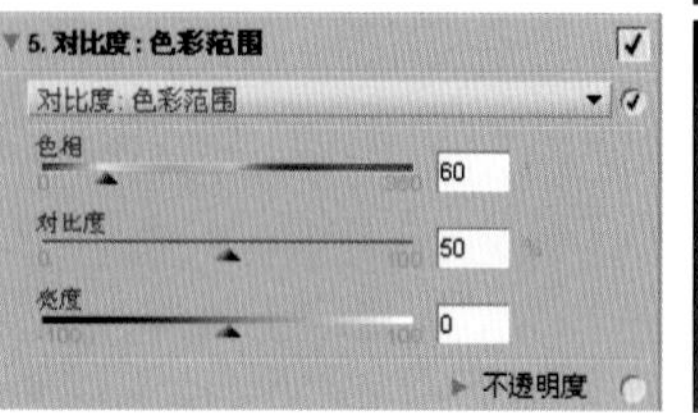

调整色调

遮色片锐利化调整

这个是更细致的锐化工具，可以进行细小的调整，效果十分不俗。不过用户应该注意，遮色片锐利化调整不能加得太强，否则会不自然。

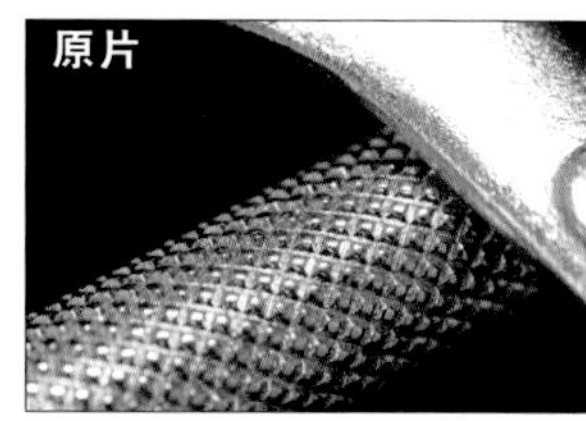
原片

锐利化

减少干扰

这个工具可以将照片的噪点消除。在使用高ISO或长时间曝光拍摄时，照片会有噪点出现，而Capture NX 2上的工具可以帮助消除噪点。

原片

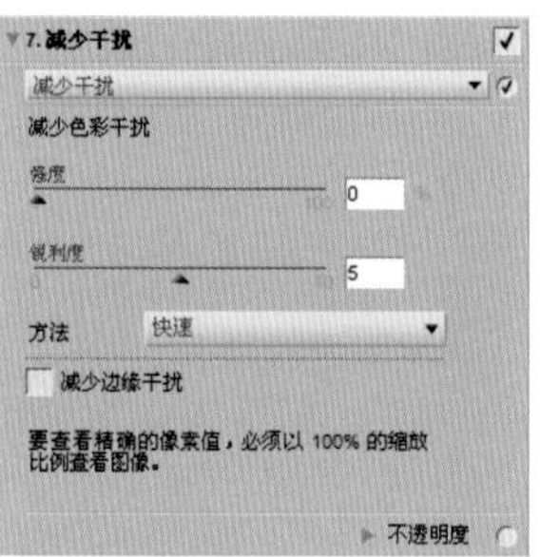

减除噪点

自动色阶

这个自动色阶是十分易用的工具，由电脑计算照片的正常色阶，而不需用户费心，而且这个工具经常会有不错的效果，不会令人失望。如果不想太过细致地改动色阶，那就可以尝试一下。

原片

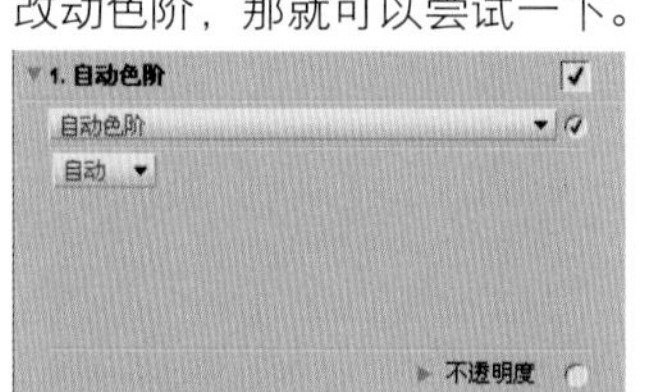

自动色阶处理

裁剪与调整

构图不够紧密，空位过多时，就可以利用此工具剪裁照片以减少多余空间，使主体更加突出。

原片

修正后

照片效果

这个项目是为照片加上特别效果的，其中有4个细微调整，包括增强照片、黑白、复古色调和润色，都是彻底转换照片色调的。其中增强照片效果类似于色彩平衡，黑白则是为转换黑白照片而设计的。

原片

转变色调

添加颗粒/杂色

本来去除噪点是数码相机的重要功能，但不少摄影师为了制造出特别的效果，喜欢在处理照片时添加噪点或粗颗粒，其中一个目的就是模仿高ISO胶片的粗糙感。Capture NX 2的添加颗粒/噪点也正是为此而设的，使用后的效果相当自然。

原片

添加颗粒

黑白转换

不少摄影师喜欢将彩色照片改为黑白照片，Capture NX 2的黑白转换十分简易，而且效果甚佳。此黑白转换功能可设定过滤器色调，效果接近黑白照片的彩色滤镜。选择色调之后，还可以调整其强度、亮度及对比度，令黑白照片更美丽。

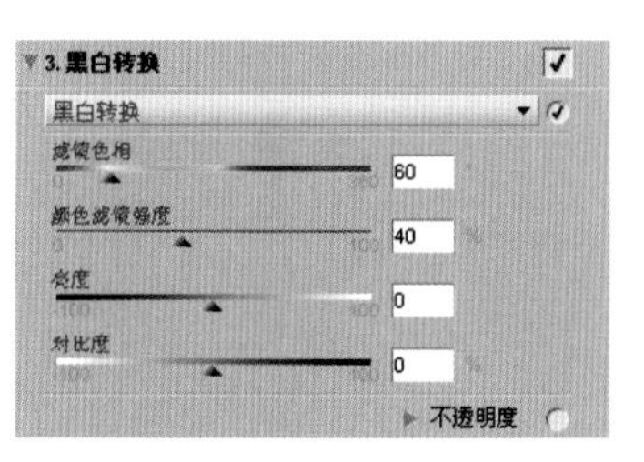

原片

转换黑白

色阶和曲线

最常用此工具控制影像的明暗，因为色阶与曲线可以用图表显示照片曝光状态，用户只要将色阶与曲线上的明暗指示拉回到有信息的地方，照片就可以有较理想的曝光。Capture NX 2的设定相当专业，用户可以作精确控制，对控制明暗很有效。

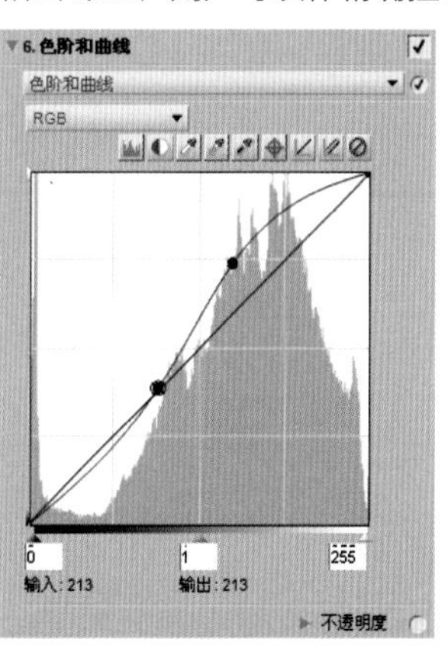

原片

调整

色彩平衡

针对照片的某种色彩处理，用户可以利用色彩平衡功能调整照片的亮度、对比度和颜色。此工具一般适合有经验的用户使用，处理照片非常快捷。

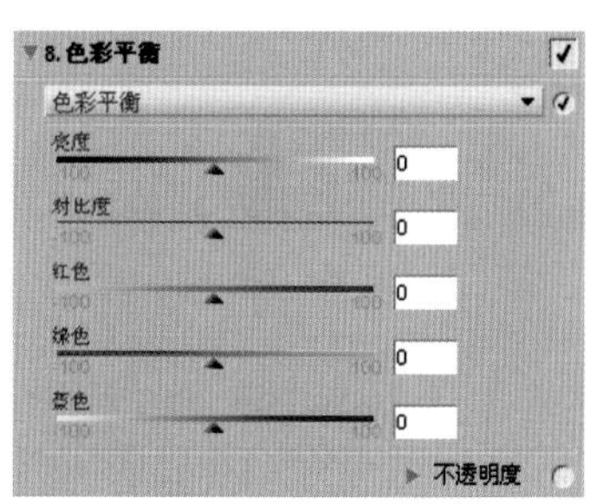

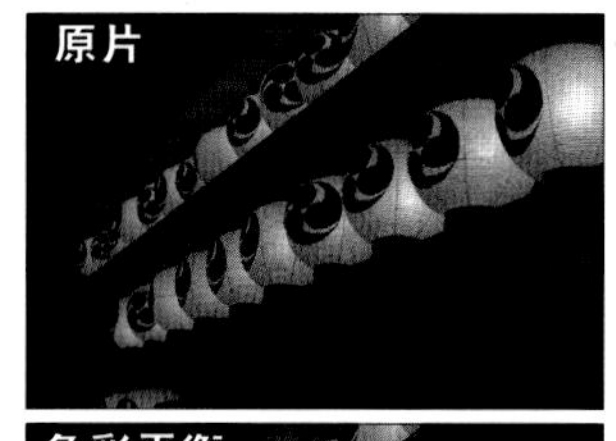
原片

色彩平衡

LCH

LCH有多项可调控项目，包括整体明度、色彩明度、色彩饱和度及色调设定，这几项都是比较复杂的照片设定，同时涉及亮度、明度、色相等专业修改，适合专家级的摄影师使用。

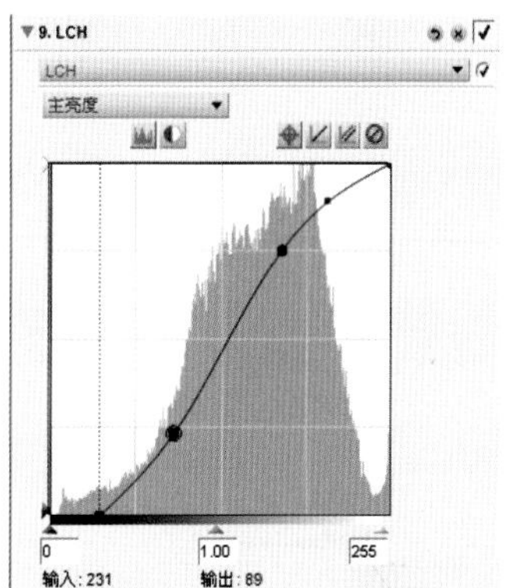

原片

修正后

AF-S/AF Nikkor 镜头规格表

	焦距(mm)	结构(组/片)	画角(35mm)	画角（DX格式）	最近对焦距离(m)
DX系列					
*10.5mm f/2.8G ED AF DX Fisheye	10.5	7/10	-	180°	0.14
10-24m m f/3.5-4.5G ED AF-S DX Zoom	10-24	9/14	-	109°～61°	0.24
12-24mm f/4G ED-IF AF-S DX Zoom	12-24	7/11	-	99°～61°	0.3
16-85mm f/3.5-5.6G ED AF-S DX VR	16-85	11/17	-	83°～18°50′	0.38
17-55mm f/2.8G ED-IFAF-S DX Zoom	17-55	10/14	-	79°～28°50′	0.36
18-200mm f/3.5-5.6G ED-IFAF-S VR DX Zoom	18-200	12/16	-	76°～8°	0.5
18-55mm f/3.5-5.6G ED IIAF-S DX Zoom	18-55	5/7	-	76°～28°50′	0.28
18-55mm f/3.5-5.6 G AF-S VR DX Zoom	18-55	8/11	-	76°～28°50′	0.28
18-70mm f/3.5-4.5G ED-IFAF-S DX Zoom	18-70	13/15	-	76°～22°50′	0.38
18-105mm f/3.5-5.6G ED AF-S DX VR Zoom	18-105	11/15	-	76°～15°20′	0.45
18-135mm f/3.5-5.6G IF-EDAF-S DX Zoom	18-135	13/15	-	76°～12°	0.45
55-200mm f/4-5.6G ED-IFAF-S VR DX Zoom	55-200	11/15	-	28°50′～8°	1.1
变焦					
14-24mm f/2.8G ED AF-S Zoom	14-24	11/14	114°～84°	90°～61°	0.28
17-35mm f/2.8D ED-IF AF-S Zoom	17-35	10/13	104°～62°	79°～44°	0.28
*18-35mm f/3.5-4.5D ED-IF AF Zoom	18-35	8/11	100°～62°	76°～44°	0.33
24-70mm f/2.8G ED AF-S Zoom	24-70	11/15	84°～34°20′	61°～22°50′	0.38
*24-85mm f/2.8-4D IF AF Zoom	24-85	11/15	84°～28°30′	61°～18°50′	0.5
24-120mm f/3.5-5.6G ED-IFAF-S VR Zoom	24-120	13/15	84°～20°30′	61°～13°20′	0.5
28-70mm f/2.8D ED-IFAF-S Zoom	28-70	11/15	74°～34°20′	53°～22°50′	0.7
70-200mm f/2.8G ED-IFAF-S VR Zoom	70-200	15/21	34°20′～12°20′	22°50′～8°	1.5(AF)1.4(MF)
70-300mm f/4-5.6G IF-EDAF-S VR Zoom	70-300	12/17	34°20′～8°10′	22°50′～5°20′	1.5
*80-200mm f/2.8D ED AF Zoom	80-200	11/16	30°10′～12°20′	20°～8°	1.8
*80-400mm f/4.5-5.6D EDAF VR Zoom	80-400	11/17	30°10′～6°10′	20°～4°	2.3
200-400mm f/4G ED-IFAF-S VR Zoom	200-400	17/24	12°20′～6°10′	8°～4°	2(AF)1.95(MF)
鱼眼					
*16mm f/2.8D AF Fisheye	16	5/8	180°	107°	0.25
广角					
*14mm f/2.8D ED AF	14	12/14	114°	90°	0.2
*20mm f/2.8D AF	20	9/12	94°	70°	0.25
*24mm f/2.8D AF	24	9/9	84°	61°	0.3
*28mm f/2.8D AF	28	6/6	74°	53°	0.25
35mm f/1.8G AF-S DX	35	6/8	-	44°	0.3
*35mm f/2D AF	35	5/6	62°	44°	0.25
标准					
50mm f/1.4G AF-S	50	7/8	46°	31°30′	0.45
*50mm f/1.4D AF	50	6/7	46°	31°30′	0.45
*50mm f/1.8D AF	50	5/6	46°	31°30′	0.45
远摄					
*85mm f/1.4D IF AF	85	8/9	28°30′	18°50′	0.85
*85mm f/1.8D AF	85	6/6	28°30′	18°50′	0.85
*105mm f/2D AF DC	105	6/6	23°20′	15°20′	0.9
*135mm f/2D AF DC	135	6/7	18°	12°	1.1
*180mm f/2.8D ED-IF AF	180	6/8	13°40′	9°	1.5
200mm f/2G ED-IF AF-S VR	200	9/13	12°20′	8°	1.9
300mm f/2.8G ED-IF AF-S VR	300	8/11	8°10′	5°20′	2.3(AF) 2.2(MF)
300mm f/4D ED-IF AF-S	300	6/10	8°10′	5°20′	1.45
400mm f/2.8D ED-IF AF-S II	400	9/11	6°10′	4°	3.5(AF) 3.4(MF)
400mm f/2.8G ED-IF AF-S VR	400	11/14	6°10′	4°	2.9(AF) 2.8(MF)
500mm f/4D ED-IF AF-S II	500	9/11	5°	3°10′	4.6(AF) 4.4(MF)
500mm f/4G ED-IF AF-S VR	500	11/14	5°	3°10′	4.0(AF) 3.85(MF)
600mm f/4D ED-IF AF-S II	600	7/10	4°10′	2°40′	5.6(AF) 5.4(MF)
600 f/4G ED-IF AF-S VR	600	12/15	4°10′	2°40′	5.0(AF) 4.8(MF)
微距					
*60mm f/2.8D AF Micro	60	7/8	39°40′	26°30′	0.219
60mm f/2.8G AF-S ED Micro	60	9/12	39°40′	26°30′	0.185
105mm f/2.8G ED-IF AF-S VR Micro	105	12/14	23°20′	15°20′	0.314
*200mm f/4D ED-IF AF Micro	200	8/13	12°20′	8°	0.5

最高放大率	光圈叶	最大光圈(f/)	最小光圈(f/)	滤镜直径(mm)	直径x长度(mm)	重量(g)	遮光罩	发表年份
1/5	7	2.8	22	-	63×62.5	305	内置	2003
1/5	7	3.5-4.5	22-29	77	82.5×87	460	HB-23	2009
1/8.3	7	4	22	77	82.5×90	465	HB-23	2003
1/4.6	7	3.5-5.6	22-36	67	72×85	485	HB-39	2008
1/5	9	2.8	22	77	85.5×110.5	755	HB-31	2004
1 /4.5	7	3.5-5.6	22-36	72	77×96.5	560	HB-35	2005
1/3.2	7	3.5-5.6	22-38	52	70.5×74	205	HB-33	2006
1/3.2	7	3.5-5.6	22-36	52	73×79.5	265	HB-45	2007
1/6.2	7	3.5-4.5	22-29	67	73×75.5	390	HB-32	2004
1/5	7	3.5-5.6	22-38	67	76×89	420	HB-32	2008
1/4.1	7	3.5-5.6	22-38	67	73.5×86.5	385	HB-32	2006
1/4.3	7	4-5.6	22-32	52	73×99.5	335	HB-37	2007
1/6.7	9	2.8	22	-	98×131.5	1 000	内置	2007
1/4.6	9	2.8	22	77	82.5×106	745	HB-23	1999
1/6.7	7	3.5-4.5	22	77	82.5×82.5	370	HB-23	2000
1/3.7	9	2.8	22	77	83×133	900	HB-40	2007
1/5.9	9	2.8-4	22	72	78.5×82.5	545	HB-25	2000
1/4.8	7	3.5-5.6	22	72	77×94	575	HB-25	2003
1/8.6	9	2.8	22	77	88.5×121.5	935	HB-19	1999
1/6.1(AF) 1/5.6(AF)	9	2.8	22	77	87×215	1 470	HB-29	2003
1/4	9	4-5.6	32-40	67	80×143.5	745	HB-36	2006
1/7.4	9	2.8	22	77	87×187	1 300	HB-7	1996
1/4.8	9	4.5-5.6	32	77	91×171	1 360	HB-24	2000
1/3.7(AF) 1/3.6(MF)	9	4	32	52	124×365	3 275	HK-30	2004
1/10	7	2.8	22	-	63×57	290	内置	1993
1/6.7	7	2.8	22	-	87×86.5	670	内置	2000
1/8.3	7	2.8	22	62	69×42.5	270	HB-4	1994
1/8.9	7	2.8	22	52	64.5×46	270	HN-1	1993
1/5.6	7	2.8	22	52	65×44.5	205	HN-2	1994
1/6.25	7	1.8	22	52	70×52.5	200	HB-46	2009
1/4.2	7	2	22	52	65×44.5	205	HN-3	1995
0.15	9	1.4	16	58	73.5×54	280	HB-47	2008
1/6.8	7	1.4	16	52	64.5×42.5	230	HR-2	1995
1/6.6	7	1.8	22	52	63.5×39	155	HR-2	2002
1/8.8	9	1.4	16	77	80×72.5	550	HN-31	1995
1/9.2	9	1.8	16	62	71.5×58.5	380	HN-23	1994
1/7.7	9	2	16	72	79×111	640	内置	1993
1/7.1	9	2	16	72	79×120	815	内置	1995
1/6.6	9	2.8	22	72	78.5×144	760	内置	1994
1/8.1	9	2	22	52	124×203	2 900	HK-31	2004
1/6.4	9	2.8	22	52	124×267.5	2 870	HK-30	2005
1/3.7	9	4	32	77	90×222.5	1 440	内置	2000
1/7.7(AF) 1/7.5(MF)	9	2.8	22	52	159.5×351.5	4 440	HK-27	2002
1/6.3(AF) 1/6.1(MF)	9	2.8	22	52	159.5×368	4 620	HK-33	2007
1/8.2(AF) 1/7.8(MF)	9	4	22	52	139.5×394	3 430	HK-28	2001
1/6.9	9	4	22	52	139.5×391	3 880	HK-34	2007
1/8.6(AF) 1/8.2(MF)	9	4	22	52	166×430.5	4 750	HK-29	2001
1/7.4(AF) 1/7.1(MF)	9	4	22	52	166×445	5 060	HK-35	2007
1	7	2.8	32	62	70×74.5	440	HN-22	1993
1/1	9	2.8	32	62	73×89	425	HB-42	2008
1/1	9	2.8	32	62	83×116	790	HB-38	2006
1/1	9	4	32	62	76×193	1 190	HN-30	1993

*配合D5000时不能自动对焦，可于个人设定菜单“a4”开启测距器，辅助手动对焦

Nikon D5000规格表

类型	
相机类型	数码单反相机
有效像素	1 230万像素
影像传感器	23.6mm × 15.8 mm CMOS 传感器
总像素	1 290万像素
除尘系统	影像传感器的清洁、影像除尘参照图（需要Capture NX 2软件）
文件系统	
影像大小（像素）	· 4 288×2 848(L)　· 3 216×2 136(M) · 2 144×1 424(S)
文件格式	NEF(RAW) JPEG：兼容JPEG-Baseline，压缩率(约)为精细(1∶4)、标准(1∶8)或基本(1∶16)；NEF(RAW)+JPEG：以NEF(RAW)和JPEG两种格式记录单张照片
优化校准系统	可从标准、中性、鲜艳、单色、人像或风景中进行选择，可保存其他个人设定优化校准
存储介质	SD（Secure Digital）存储卡，支持SDHC
文件系统	DCF（相机文件系统设计规则）2.0、DPOF（数码打印指令格式）、Exif 2.21（数码相机可交换影像文件格式）、PictBridge
取景器	
取景器设计	眼平五面镜单镜反光取景器
画面覆盖范围	约为 95%（垂直与水平）
放大倍率	约0.78倍（配合50mm f/1.4镜头设定为无限远，屈光度为$-1.0m^{-1}$）
视点	17.9mm($-1.0m^{-1}$)
屈光度调节	$-1.7m^{-1}$～$+0.7m^{-1}$
对焦屏	B型 BriteView Clear Matte Mark V屏幕，带有对焦框（可显示取景网格）
反光镜	即时返回型
镜头光圈	即时返回型、电子控制
镜头	
镜头卡口	尼康F卡口（有AF接点）
有效画角	约1.5倍镜头焦距（尼康DX格式）
兼容的镜头	AF-S或AF-I：支持所有功能 · G型或D型AF Nikkor镜头，无内置自动对焦马达：支持自动对焦之外的所有功能，不支持IX Nikkor镜头 · 其他AF Nikkor：支持除自动对焦和3D彩色矩阵测光II以外的所有功能，不支持用于F3AF 的镜头 · D型PC Nikkor：支持自动对焦和某些拍摄模式之外的所有功能 · AI-P Nikkor：支持除自动对焦和3D彩色矩阵测光II以外的所有功能 · 非CPU：不支持自动对焦。可用于模式M，但曝光测光不能使用 · 镜头最大光圈为 f/5.6 或以上时可使用电子测距器
快门	
类型	电子控制纵走式焦平面快门
速度	1/4 000～30s（以每1/3EV或1/2EV步长进行调整）、B门、遥控B门（需要另购的无线遥控器ML-L3）
闪光灯同步速度	X=1/200s；在1/200s或以下速度时，与快门保持同步

快门释放模式	单张拍摄、连拍、自拍、2s延迟遥控、快速响应遥控、安静快门释放
每秒拍摄幅数	最高4幅（手动对焦，模式M或S，1/250s或以上的快门速度，其他设定为预设值）
自拍	可从2s、5s、10s或20s持续时间和1～9张中进行选择
曝光控制	
测光方式	使用420像素RGB传感器的TTL相机测光
测光模式	· 矩阵测光：3D彩色矩阵测光II（G型和D型镜头），彩色矩阵测光II（其他CPU镜头） · 中央重点测光：约75%的比重集中在画面中央8mm直径圈中 · 点测光：集中在以所选对焦点为中央的3.5mm直径圈（大约是整个画面的 2.5%）
测光范围	· 矩阵测光或中央重点测光：0～20EV · 点测光：2EV～20EV （ISO 100、f/1.4镜头、20℃）
相机测光耦合器	CPU
曝光模式	自动模式（自动、闪光灯关闭自动），场景模式（人像、风景、儿童照、运动、近摄、夜间人像、夜景、宴会/室内、海滩/雪景、日落、黄昏/黎明、宠物像、烛光、花卉、秋色、食物、轮廓、高色调和低色调），还有柔性程序的程序自动（P），快门优先自动（S），光圈优先自动(A)，手动（M）
曝光补偿	以每1/3EV或1/2EV为增减，范围是-5EV～+5EV
曝光包围	拍摄3幅，以1/3EV或1/2EV为步长
白平衡包围	拍摄3幅，以1为步长
主动式D-Lighting包围	两幅
曝光锁定	按下AE-L/AF-L按钮时，可把所测定的曝光值锁定
ISO感光度（推荐的曝光系数）	ISO 200～ISO 3 200，以1/3EV为步长微调。可在ISO 200的基础上约减少0.3EV、0.7EV或1EV（相当于ISO 100），或者在ISO 3 200的基础上约增加0.3EV、0.7EV或1 EV（相当于ISO 6 400）
动态D-Lighting	可从自动、极高、高、标准、低和关闭中进行选择
对焦	
自动对焦系统	Nikon Multi-CAM 1000自动对焦模组，具备TTL相位侦测、11个对焦点（包括1个十字型传感器）和AF辅助照明灯（范围约为0.5～3m）
侦测范围	-1～+19EV（ISO 100、20℃）
镜头伺服	· 自动对焦（AF）：即时单次伺服AF（AF-S）、连续伺服 AF（AF-C）、自动AF-S/AF-C选择（AF-A）、根据拍摄主体的状态自动启用的预跟踪对焦 · 手动对焦（MF）：可以使用电子测距器
对焦点	可从11个对焦点中选择
AF 区域模式	单点、动态区域、自动区域 AF、3D跟踪（11点）
对焦锁定	半按下快门释放按键（单次伺服AF）或按下AE-L/AF-L按钮可锁定对焦

闪光灯	
内置闪光灯	自动、人像、风景、儿童照、近摄、夜间人像、宴会/室内、宠物像模式时：自动弹出型自动闪光 食物、P、S、A、M模式时：按下释放按钮手动弹出闪光灯
闪光指数（m、20℃）	・ISO 200时：约17（手动闪光时 18） ・ISO 100时：约12（手动闪光时 13）
闪光控制	・TTL：使用420像素RGB传感器进行针对数码单反相机的i-TTL 均衡补充闪光和标准i-TTL闪光，这些方式适用于内置闪光灯和SB-900、SB-800、SB-600或SB-400（矩阵测光或中央重点测光被选择时，i-TTL 均衡补充闪光有效） ・自动光圈：适用于SB-900、SB-800以及CPU镜头 ・非TTL自动：支持的闪光灯组件包括SB-900、SB-800、SB-80DX、SB-28DX、SB-28、SB-27和SB-22S ・距离优先手动：适用于SB-900和SB-800
闪光模式	・自动、人像、风景、儿童照、近摄、宴会/室内、宠物像模式时：自动、带防红眼的自动模式、关闭；补充闪光和防红眼适用于另购的闪光灯组件 ・夜间人像模式时：自动慢同步、带防红眼的自动慢同步、关闭；慢速同步和带防红眼的慢同步适用于另购的闪光灯组件 ・风景、运动、夜景、海滩/雪景、日落、黄昏/黎明、烛光、花卉、秋色、轮廓、高色调和低色调模式时：补充闪光和防红眼适用于另购的闪光灯组件 ・食物模式时：补充闪光 ・P、A：补充闪光、后帘慢同步、慢同步、带防红眼的慢同步、防红眼 ・S、M：补充闪光、后帘同步、防红眼
闪光灯补偿	以1/3EV或1/2EV为增量，范围是-3EV～+1EV
闪光预备指示灯	当内置闪光灯或另购的闪光灯组件（例如SB-900、SB-800、SB-600、SB-400、SB-80DX、SB-28DX或SB-50DX）完全充电后便会闪光；当闪光灯以全光输出后将闪烁3s
配件插座	带有安全锁的标准ISO 518热靴接点
尼康创意闪光系统（CLS）	使用SB-900、SB-800或SU-800作为指令器时支持高级无线闪光；内置闪光灯和所有CLS兼容闪光灯组件都支持闪光色彩信息交流
同步终端	AS-15同步终端适配器（另行选购）

白平衡	
白平衡	自动（具有主影像传感器和420像素RGB传感器的TTL白平衡）；带有微调的12种手动模式；预设白平衡；白平衡包围
即时取景	
AF 模式	脸部优先、宽区域、标准区域、主体跟踪
自动对焦	可在画面的任何位置进行对比侦测AF（选择了脸部优先AF或主体跟踪时，相机自动选择对焦点）
短片拍摄影像尺寸（像素）	・1 280 × 720/24 ・640 × 424/24 ・320 × 216/24
短片文件格式	AVI
短片压缩	Motion-JPEG
显示屏	2.7 英寸、约23万画点、可翻转 TFT LCD，100% 画面覆盖率，可进行亮度调节
支持的语言	中文（简体中文和繁体中文）、丹麦语、荷兰语、英语、芬兰语、法语、德语、意大利语、日语、韩语、挪威语、波兰语、葡萄牙语、俄语、西班牙语及瑞典语
播放	
播放格式	支持变焦播放的全屏幕和缩略图（4张、9张或72张影像或按日历）播放、短片播放、超炫动画短片播放、幻灯播放、直方图显示、高亮显示、自动旋转影像及影像注释（最长可达36个字符）
界面	
USB	高速USB
视频输出	可选择NTSC或PAL制式；相机显示屏处于开启状态时，可在外部装置上显示影像
HDMI 输出	C型HDMI接口；连接了HDMI线时相机显示屏将关闭
配件终端	遥控线：MC-DC2 （须另购） GPS装置：GP-1 （须另购）
其他规格	
电源	一块EN-EL9a锂离子充电电池
AC 变压器	EH-5a AC变压器；需要EP-5电源连接器（须另购）
三脚架插孔	1/4 英寸（ISO 1222）
尺寸（mm）	约 127 × 104 × 80 （宽 × 高 × 厚）
重量（g）	约560（不包括电池、存储卡和机身盖）
操作温度	0～40℃
操作湿度	低于 85% （不结露）